Uma nova história do tempo

Uma nova história do tempo

Stephen Hawking e
Leonard Mlodinow

TRADUÇÃO
Vera de Paula Assis

2ª reimpressão

Ediouro

Título original
A Briefer History of Time

Capa
VICTOR BURTON

Foto de capa
MIGUEL RIOPA / Getty Images

Revisão técnica
LAERTE SODRÉ JR.

Copidesque
PINA BASTOS

Revisão
RACHEL AGAVINO

Produção editorial
FELIPE SCHUERY

CIP-BRASIL. CATALOGAÇÃO-NA-FONTE
SINDICATO NACIONAL DOS EDITORES DE LIVROS, RJ.

H32b

Hawking, S. W. (Stephen W.), 1942-
Uma nova história do tempo / Stephen Hawking e Leonard Mlodinow ; tradução Vera de Paula Assis. - Rio de Janeiro: Ediouro, 2005
Tradução de: A briefer history of time
ISBN 85-00-01857-7

1. Cosmologia. I. Mlodinow, Leonard, 1954-. II. Título.

05-2915. CDD 523.1
CDU 524

06 07 08 09 10 8 7 6 5 4 3 2 1

Rua Nova Jerusalém, 345 – Bonsucesso
Rio de Janeiro – RJ – CEP 21042-235
Tel.:(21) 3882-8200 – Fax:(21) 3882-8212/8313
www.ediouro.com.br

TAMBÉM DE STEPHEN HAWKING

Uma breve história do tempo

Buracos negros, universos-bebês e outros ensaios

The Illustrated A Brief History of Time

O universo numa casca de noz

TAMBÉM DE LEONARD MLODINOW

A janela de Euclides

O arco-íris de Feynman

Sumário

Agradecimentos

Agradecemos à nossa editora, Ann Harris, da Bantam, por nos emprestar sua considerável experiência e talento em nossos esforços para aprimorar o manuscrito. A Glen Edelstein, diretor de arte da Bantam, por seus incansáveis esforços e por sua paciência. À nossa equipe de arte, Philip Dunn, James Zhang e Kees Veenenbos, por dedicar parte do tempo para aprender um pouco de física e, então, sem sacrificar o conteúdo científico, dar uma aparência fabulosa ao livro. Aos nossos agentes, Al Zuckerman e Susan Ginsburg, da Writer's House, por sua inteligência, afeição e apoio. A Monica Guy, pela leitura da prova gráfica. E àqueles que generosamente leram várias versões provisórias do manuscrito na nossa busca por passagens que poderiam ser mais bem elucidadas: Donna Scott, Alexei Mlodinow, Nicolai Mlodinow, Mark Hillery, Joshua Webman, Stephen Youra, Robert Barkovitz, Martha Lowther, Katherine Ball, Amanda Bergen, Jeffrey Boehmer, Kimberly Comer, Peter Cook, Matthew Dickinson, Drew Donovanik, David Fralinger, Eleanor Grewal, Alicia Kingston, Victor Lamond, Michael Melton, Mychael Mulhern, Matthew Richards, Michelle Rose, Sarah Schmitt, Curtis Simmons, Christine Webb e Christopher Wright.

Prefácio

O TÍTULO DESTE LIVRO DIFERE em uma única palavra do título de um livro publicado pela primeira vez em 1988. *Uma breve história do tempo* esteve na lista de best-sellers do *Sunday Times* londrino durante 237 semanas e vendeu cerca de um exemplar para cada grupo de 750 homens, mulheres e crianças na Terra. Foi um incrível sucesso para um livro que enfocou algumas das questões mais difíceis da física moderna.

Contudo, tais questões também são extremamente empolgantes, pois abordam as grandes perguntas básicas: O que realmente sabemos sobre o universo? Como sabemos? De onde veio e para onde está indo o universo? Estas perguntas foram a essência de *Uma breve história do tempo* e também são o foco deste livro.

Nos anos seguintes à publicação de *Uma breve história do tempo*, as reações ao livro vieram de leitores de todas as idades, de todas as profissões e de todo o mundo. Um pedido muitas vezes repetido foi o de uma nova versão, que mantivesse a essência de *Uma breve história*, mas explicasse os conceitos mais importantes de uma maneira mais clara, mais pausada. Embora fosse razoável esperar que tal livro tivesse o título *Uma menos breve história do tempo*, também tinha ficado claro que poucos leitores estão em busca de uma dissertação volumosa própria para um curso de cosmologia em nível universitário.

Assim, esta é a presente abordagem. Ao escrever *Uma nova história do tempo*, mantivemos e ampliamos a essência do livro original, embora tenhamos tido o cuidado de manter o tamanho e a legibilidade. Esta história é brevíssima, pois uma parte do conteúdo mais técnico foi deixada de fora, mas achamos que isso foi mais que compensado por um tratamento mais sagaz do material que é realmente o coração do livro.

Aproveitamos também a oportunidade para atualizar o livro e incluir novos resultados teóricos e observacionais. *Uma nova história do tempo* descreve o progresso recente feito na busca por uma teoria unificada completa de todas as forças da física. Em particular, descreve o progresso obtido na teoria das cordas e nas "dualidades" ou correspondências entre teorias aparentemente diferentes da física, que constituem um indício de que existe uma teoria unificada da física. No lado observacional, o livro inclui novas e importantes observações, como aquelas feitas pelo satélite Explorador da Radiação Cósmica de Fundo (COBE, nas iniciais inglesas) e pelo Telescópio Espacial Hubble.[1]

Cerca de quarenta anos atrás, Richard Feynman disse: "Temos a sorte de viver numa era em que ainda estamos fazendo descobertas. É como a descoberta da América — você só a descobre uma vez. A era em que vivemos é aquela em que estamos descobrindo as leis fundamentais da natureza". Hoje, estamos mais perto que nunca de entender a natureza do universo. Nosso objetivo ao escrever este livro é compartilhar parte da excitação dessas descobertas e a nova representação da realidade que está conseqüentemente emergindo.

[1] É provável que os autores queiram se referir ao satélite WMAP, que é novo e vem trazendo grande contribuição à cosmologia, e não ao COBE, que é de 1992. (N. do R.T.)

CAPÍTULO 1

Pensando sobre o universo

VIVEMOS NUM ESTRANHO e maravilhoso universo. Apreciar sua idade, tamanho, violência e beleza exige uma imaginação extraordinária. O lugar que nós, seres humanos, ocupamos neste vasto cosmo pode parecer bem insignificante e, portanto, tentamos dar um sentido a tudo isso e ver onde é que nos encaixamos. Algumas décadas atrás, um cientista famoso (alguns dizem que teria sido Bertrand Russell) deu uma palestra pública sobre astronomia. Ele descreveu como a Terra gira numa órbita ao redor do Sol e como o Sol, por sua vez, gira ao redor do centro de uma vasta coleção de estrelas a que chamamos de nossa galáxia. No final da palestra, uma velhinha, no fundo da sala, levantou-se e disse: "O que você nos disse é uma grande bobagem. O mundo é, na verdade, um prato chato apoiado nas costas de uma tartaruga gigante". O cientista lançou um sorriso superior antes de replicar: "E a tartaruga está de pé sobre o quê?" "Você é muito esperto, meu jovem, muito esperto", disse a senhora. "Acontece que são tartarugas de cima a baixo!"

Hoje em dia, a maioria das pessoas acharia bem ridícula a imagem do nosso universo como uma torre infinita de tartarugas. Mas por que deveríamos supor que nosso conhecimento é melhor? Esqueça por um minuto o que você sabe — ou acha que sabe — sobre o espaço. Então, olhe fixamente para cima, no céu noturno. Como você interpretaria todos aqueles pontos de luz? Seriam fogos minúsculos? Pode ser difícil imaginar o que eles realmente são, pois o que realmente são está muito além de nossa experiência comum. Se você costuma ficar observando as estrelas, é provável que tenha visto uma luz fugidia que paira perto do horizonte no crepúsculo. É um planeta, Mercúrio, mas ele não é nem um pouco parecido com nosso próprio planeta. Um dia em Mercúrio dura dois terços do ano do planeta. A superfície atinge temperaturas acima de 400 graus Celsius quando o Sol aparece e depois cai para quase -200 graus Celsius às altas horas da noite. Por mais diferente que Mercúrio seja de nosso próprio planeta, é muito mais difícil imaginar uma estrela típica, que é uma enorme fornalha que queima bilhões de quilos de matéria a cada segundo e atinge temperaturas de dezenas de milhões de graus em seu núcleo.

Outra coisa difícil de imaginar é a que distância os planetas e as estrelas realmente estão. Os chineses antigos construíram torres de pedra para que conseguissem ter uma visão mais próxima das estrelas. É natural imaginar que as estrelas e os planetas estejam muito mais perto do que realmente estão — afinal, na vida diária, não temos experiência alguma com as enormes distâncias do espaço. Aquelas distâncias são tão imensas que nem sequer faz sentido medi-las em metros ou quilômetros, do jeito que medimos a maioria dos comprimentos. Em vez disso, usamos o ano-luz, que é a distância que a luz percorre em um ano. Em um único segundo, um feixe de luz percorrerá 300.000 quilômetros; logo, um ano-luz é uma distância muitíssimo grande. A estrela mais próxima, exceção feita ao nosso Sol, é chamada Próxima do Centauro (também conhecida como Alfa do Centauro C), que está a uma distância de aproximadamente quatro anos-luz. Isto é tão longe que, mesmo com a mais veloz espaçonave atualmente nas pranchetas, uma viagem até ela levaria cerca de dez mil anos.

Os povos antigos tentaram com afinco entender o universo, mas eles ainda não tinham desenvolvido nossa matemática e ciência. Hoje, temos ferramentas poderosas: ferramentas mentais como a matemática e o método científico e ferramentas tecnológicas como os computadores e os telescópios. Com a ajuda dessas ferramentas, os cientistas juntaram um bocado de conhecimento sobre o espaço. Mas o que realmente sabemos sobre o universo e como é que sabemos? De onde veio o universo? Para onde está indo? O universo teve um início e, em caso afirmativo, o que aconteceu antes disso? Qual a natureza do tempo? Ele algum dia chegará a um fim? Podemos voltar no tempo? Recentes avanços na física, que se tornaram possíveis em parte pela nova tecnologia, sugerem respostas a algumas dessas perguntas antigas. Algum dia, essas respostas poderão parecer tão óbvias para nós quanto a Terra orbitando o Sol — ou, quem sabe, tão ridículas quanto uma torre de tartarugas. Só o tempo (o que quer que possa ser) dirá.

Capítulo 2

A evolução da nossa representação do universo

EMBORA MESMO NA ÉPOCA de Cristóvão Colombo ainda fosse comum encontrar pessoas que achavam que a Terra era plana (e você pode até encontrar algumas delas hoje), podemos atribuir as raízes da astronomia moderna aos gregos antigos. Por volta de 340 a.C., o filósofo grego Aristóteles escreveu um livro chamado *Sobre o céu*. Neste livro, Aristóteles apresentou bons argumentos para se acreditar que a Terra fosse uma esfera, e não achatada como um prato.

Um dos argumentos se baseava nos eclipses da Lua. Aristóteles tinha percebido que esses eclipses eram causados pela Terra se posicionando entre o Sol e a Lua. Quando isso acontecia, a Terra lançava sua sombra sobre a Lua, causando o eclipse. Aristóteles percebeu que a sombra da Terra era sempre redonda. É isto que você esperaria se a Terra fosse uma esfera, mas não se fosse um disco achatado. Se a Terra fosse um disco plano, sua sombra seria redonda somente se o eclipse acontecesse num momento em que o Sol estivesse diretamente debaixo do centro do disco. Em outras ocasiões, a sombra seria alongada — na forma de uma elipse (uma elipse é um círculo alongado).

Os gregos tinham outro argumento para a Terra ser redonda. Se a Terra fosse achatada, seria de se esperar que uma embarcação se aproximando do horizonte surgisse inicialmente como um diminuto ponto informe. Depois, à medida que se aproximasse, você seria gradualmente capaz de perceber mais detalhes, como suas velas e casco. Mas não é isso que acontece. Quando uma embarcação aparece no horizonte, as primeiras coisas que você vê são as velas. Somente depois é que você vê o casco. O fato de serem os mastros, que se erguem bem acima do casco, a primeira parte da embarcação a surgir acima do horizonte é uma evidência de que a Terra é uma bola.

Assomando no horizonte
Por ser a Terra uma esfera, o mastro e as velas de uma embarcação assomando no horizonte se mostram antes do casco.

Os gregos também prestaram muita atenção no céu noturno. Na época de Aristóteles, as pessoas já estavam há séculos registrando como as luzes no céu noturno se moviam. Perceberam que, embora quase todos os milhares de luzes que eles enxergavam parecessem se mover juntas através do céu, cinco delas (sem contar a Lua) não o faziam. Às vezes, estas últimas se moviam erraticamente, afastando-se de uma trajetória leste-oeste e, então, faziam um duplo recuo. Estas luzes foram chamadas de planetas — a palavra grega para "errante". Os gregos observaram apenas cinco planetas, porque cinco são todos os que podemos ver a olho nu: Mercúrio, Vênus, Marte, Júpiter e Saturno. Hoje, sabemos por que os planetas cruzam o céu seguindo trajetórias tão extraordinárias: embora as estrelas mal se movam em comparação ao nosso Sistema

Solar, os planetas orbitam o Sol e, portanto, seu movimento no céu noturno é muito mais complicado que o movimento das estrelas distantes.

Aristóteles achava que a Terra era estacionária e que o Sol, a Lua, os planetas e as estrelas moviam-se em órbitas circulares ao redor da Terra. Ele acreditava nisso porque sentia, por razões místicas, que a Terra era o centro do universo e que o movimento circular era o mais perfeito. No segundo século a.C., outro grego, Ptolomeu, transformou esta idéia em um modelo completo dos céus. Ptolomeu era apaixonado por seus estudos. "Quando sigo a meu bel-prazer a profusão cerrada das estrelas em seu curso circular", escreveu ele, "meus pés não mais tocam a terra".

No modelo de Ptolomeu, oito esferas em rotação circundavam a Terra. Cada esfera era sucessivamente maior que aquela antes dela, algo parecido com uma boneca russa que abriga outras dentro dela. A Terra estava no centro das esferas. Nunca ficou muito claro o que haveria além da última esfera, mas com certeza não fazia parte do universo observável da humanidade. Portando a esfera mais externa era uma espécie de limite, ou recipiente, do universo. As estrelas ocupavam posições fixas nessa esfera e, portanto, quando esta última girava, as estrelas permaneciam nas mesmas posições relativas entre si e giravam juntas, como um grupo, cruzando o céu, exatamente como observamos. As esferas internas transportavam os planetas. Estes não estavam fixados às respectivas esferas como estavam as estrelas, mas moviam-se sobre suas esferas em pequenos círculos chamados epiciclos. Já que as esferas planetárias giravam em rotação e os próprios planetas moviam-se sobre suas esferas, as trajetórias por eles seguidas em relação à Terra eram complexas. Desta maneira, Ptolomeu foi capaz de explicar o fato de as trajetórias observadas dos planetas serem bem mais complicadas que simples círculos cruzando o céu.

O modelo de Ptolomeu forneceu um sistema relativamente preciso para a previsão das posições dos corpos celestes no céu. Para prever corretamente essas posições, contudo, Ptolomeu teve que partir de uma premissa de que a Lua seguia uma trajetória que, às vezes, a trazia duas vezes mais para perto da Terra que em outras ocasiões. E isso significava que, às vezes, a Lua deveria parecer ter o dobro do tamanho! Ptolomeu reconheceu esta imperfeição, mas, ainda assim, seu modelo foi geralmente, mas não universalmente, aceito. Foi adotado pela Igreja Católica como a representação do universo que estava de acordo com as escrituras, pois tinha a grande vantagem de deixar muito espaço fora da esfera das estrelas fixas para o paraíso e o inferno.

O modelo de Ptolomeu
No modelo de Ptolomeu, a Terra situava-se no centro do universo, circundada por oito esferas que transportavam todos os corpos celestes conhecidos.

Outro modelo, contudo, foi proposto em 1514 por um padre polonês, Nicolau Copérnico. (No início, talvez por medo de ser tachado de herege por sua Igreja, Copérnico fez seu modelo difundir-se anonimamente.) Copérnico teve a idéia revolucionária de que nem todos os corpos celestes devem orbitar a Terra. De fato, sua idéia era de que o Sol estava estacionário no centro do Sistema Solar e que a Terra e os planetas moviam-se em órbitas circulares em torno do Sol. Assim como o modelo de Ptolomeu, o modelo de Copérnico funcionava bem, mas não tinha uma correspondência perfeita com a observação. No entanto, por ser bem mais simples que o modelo de Ptolomeu, seria de se esperar que as pessoas o adotassem. Entretanto, quase um século se passou antes que sua idéia fosse levada a sério. Então, dois astrônomos — o alemão Johannes Kepler e o italiano Galileu Galilei — começaram a apoiar publicamente a teoria copernicana.

Em 1609, Galileu começou a observar o céu noturno com um telescópio, que acabara de ser inventado. Galileu descobriu, ao examinar o planeta Júpiter, que este era acompanhado por vários pequenos satélites, ou luas, que giravam em torno dele. Isso significava que nem tudo precisava orbitar diretamente ao redor da Terra, como pensavam Aristóteles e Ptolomeu. Ao mesmo tempo, Kepler aperfeiçoou a teoria de Copérnico, sugerindo que os planetas moviam-se não em círculos, mas em elipses. Com esta alteração, as previsões da teoria subitamente coincidiram com as observações. Estes eventos foram os golpes de misericórdia no modelo ptolomaico.

Embora as órbitas elípticas melhorassem o modelo de Copérnico, no que dizia respeito a Kepler eram apenas um artifício usado para formular a hipótese. Isto porque Kepler tinha idéias preconcebidas sobre a natureza que não se baseavam em observação alguma assim como Aristóteles, ele simplesmente acreditava que as elipses eram menos perfeitas que os círculos. A idéia de planetas movendo-se ao longo de tais trajetórias imperfeitas chocava-o, pois ele a considerava demasiado feia para ser a verdade final. Outra coisa que incomodava Kepler era não conseguir tornar as órbitas elípticas compatíveis com sua idéia de que seriam as forças magnéticas que faziam os planetas orbitar o Sol. Embora estivesse errado sobre as forças magnéticas serem a razão das órbitas dos planetas, damos a ele o crédito de perceber que deveria existir uma força responsável pelo movimento. A verdadeira explicação do motivo pelo qual os planetas orbitam o Sol só foi oferecida muito mais tarde, em 1687, quando *sir* Isaac Newton publicou sua obra *Philosophiae Naturalis Principia Mathematica* (*Princípios matemáticos da filosofia natural* ou, simplesmente, *Principia mathematica*), provavelmente a mais importante obra isolada já publicada nas ciências físicas.

Nos *Principia*, Newton apresentou uma lei que declarava que todos os objetos em repouso permanecem naturalmente em repouso, a menos que uma força aja sobre eles, e descreveu como os efeitos da força fazem um objeto mover-se ou alteram o movimento de um objeto. Então, por que os planetas se movem em elipses ao redor do Sol? Newton disse que uma dada força era responsável e defendeu que era a mesma força que fazia os objetos caírem na Terra, em vez de permanecerem em repouso quando você os solta. Ele chamou tal força de gravidade (antes de Newton, a palavra *gravidade* significava apenas um humor sério ou uma qualidade de peso). Ele também inventou a matemática que demonstrou numericamente como os objetos reagem quando uma força, como a da gravidade, age sobre eles e resolveu as equações resultantes. Desta maneira, ele foi capaz de mostrar que, devido à gravidade do Sol, a Terra e outros planetas deveriam mover-se numa elipse — exatamente como Kepler previra! Newton afirmou que suas leis se aplicavam a tudo no universo, de uma maçã em queda às estrelas e planetas. Foi a primeira vez na história que alguém explicou o movimento dos planetas em termos de leis que também determinam o movimento na Terra e foi o princípio da física e da astronomia modernas.

Sem o conceito de esferas de Ptolomeu, não havia mais motivo algum para pressupor que o universo tivesse um limite natural, a esfera mais externa. Além do mais, já que as estrelas pareciam não alterar suas posições, a não ser por uma rotação através do céu causada pela Terra girando em seu próprio eixo, tornou-se natural supor que as estrelas eram objetos como o nosso Sol, mas muitíssimo mais distantes. Tínhamos desistido não apenas da idéia de que a Terra é o centro do universo, mas até da idéia de que nosso Sol, e talvez nosso Sistema Solar, fossem figurantes singulares do cosmos. Esta mudança na visão de mundo representou uma profunda transição no pensamento humano: o início do nosso moderno conhecimento científico do universo.

CAPÍTULO 3

A natureza de uma teoria científica

PARA FALAR SOBRE a natureza do universo e discutir questões como, por exemplo, se ele possui um início e um fim, é necessário deixar bem claro o que é uma teoria científica. Tomemos a visão simplória de que a teoria é tão somente um modelo do universo, ou de uma parte restrita dele, e um conjunto de regras que relacionam quantidades no modelo com as observações que fazemos. Ela existe apenas em nossas mentes e não tem qualquer outra realidade (o que quer que isto possa significar). Uma teoria será boa se satisfizer duas exigências. Ela deve descrever com exatidão uma grande classe de observações com base em um modelo que contenha somente poucos elementos arbitrários e deve fazer previsões bem definidas sobre os resultados de observações futuras. Por exemplo, Aristóteles acreditava na teoria de Empédocles de que tudo era feito de quatro elementos: terra, ar, fogo e água. Isto era suficientemente simples, mas não fazia quaisquer previsões definidas. Por outro lado, a teoria da gravidade de Newton se baseava em um modelo mais simples ainda, no qual os corpos se atraíam reciprocamente com uma força que era proporcional a uma quantidade chamada de massa de cada um e inversamente proporcional ao quadrado da distância entre eles. Contudo, ela prevê os movimentos do Sol, da Lua e dos planetas com um alto grau de precisão.

Qualquer teoria física é sempre provisória, no sentido de ser apenas uma hipótese: nunca é possível prová-la. Não importa quantas vezes os resultados dos experimentos estejam de acordo com alguma teoria, você nunca poderá ter certeza de que, na próxima vez, o resultado não a contradirá. Por outro lado, você pode desacreditar uma teoria encontrando uma única observação que seja discordante de suas previsões. Como enfatizou o filósofo da ciência Karl Popper, uma boa teoria é caracterizada pelo fato de fazer várias previsões que, em princípio, poderiam ser refutadas ou invalidadas pela observação. A cada vez que se observa que novos experimentos são concordantes com as previsões, a teoria sobrevive e aumenta a nossa confiança nela; porém, se algum dia for constatado que uma nova observação é discordante, precisaremos abandonar ou modificar a teoria.

Pelo menos é isso que supostamente deve acontecer, mas é sempre possível questionar a competência da pessoa que realizou a observação.

Na prática, o que ocorre freqüentemente é que uma nova teoria concebida é, na verdade, uma extensão da teoria anterior. Por exemplo, observações bem precisas do planeta Mercúrio revelaram uma pequena diferença entre seu movimento e as previsões da teoria da gravidade de Newton. A teoria da relatividade geral de Einstein previu um movimento ligeiramente diferente daquele da teoria de Newton. O fato de as previsões de Einstein terem coincidido com aquilo que foi observado, enquanto as de Newton não coincidiam, foi uma das confirmações cruciais da nova teoria. Contudo, ainda usamos a teoria de Newton para a maioria das finalidades práticas porque a diferença entre suas previsões e aquelas da relatividade geral é muito pequena nas situações com que normalmente lidamos. (A teoria de Newton tem ainda a grande vantagem de ser muito mais simples de se trabalhar do que a de Einstein!)

O objetivo final da ciência é oferecer uma única teoria que descreva o universo inteiro. Entretanto, o enfoque seguido pela maioria dos cientistas é, na verdade, separar o problema em duas partes. Em primeiro lugar, existem as leis que nos informam como o universo se altera com o decorrer do tempo. (Se soubermos qual a aparência do universo em qualquer dado momento, estas leis nos informarão que aparência ele terá em qualquer dado momento futuro.) Segundo, existe a questão do estado inicial do universo. Algumas pessoas acham que a ciência deveria se dedicar apenas à primeira parte; elas consideram a questão da situação inicial uma questão para a metafísica ou a religião. Elas diriam que Deus, sendo onipotente, poderia ter dado início ao universo de qualquer maneira que Lhe aprouvesse. Pode ser que sim, mas, neste caso, Ele também poderia ter feito com que o universo se desenvolvesse de uma maneira inteiramente arbitrária. Contudo, parece que Deus optou por fazê-lo evoluir de uma maneira bem regular, de acordo com certas leis. Logo, parece igualmente razoável supor que também existam leis que governam o estado inicial.

Acontece que é muito difícil inventar uma teoria que descreva o universo de uma só vez. Pelo contrário, decompomos o problema em pedaços e inventamos várias teorias parciais. Cada uma dessas teorias parciais descreve e prevê uma determinada e limitada classe de observações, desconsiderando os efeitos de outras quantidades ou representando-os por simples conjuntos de números. É possível que este enfoque esteja inteiramente errado. Se tudo no universo depender de tudo o mais de uma maneira fundamental, poderia ser impossível chegar mais perto de uma solução completa através da investigação de partes isoladas do problema. Ainda assim, foi desta maneira que fizemos progresso no passado. O exemplo clássico é novamente a teoria newtoniana da gravidade, que nos informa que a força gravitacional entre dois corpos depende somente de um único número associado a cada corpo — sua massa —, sendo, em todos os outros sentidos, independente daquilo de que os corpos são feitos. Portanto, não precisamos ter uma teoria da estrutura e constituição do Sol e dos planetas para calcular suas órbitas.

Hoje, os cientistas descrevem o universo em termos de duas teorias parciais básicas — a teoria da relatividade geral e a mecânica quântica. Estas são as grandes conquistas intelectuais da primeira metade do século XX. A teoria da relatividade geral descreve a força da gravidade e a estrutura em grande escala do universo; isto é, desde estruturas em escalas de apenas alguns quilômetros até do tamanho de um milhão de milhão de milhão de milhão (1 com 24 zeros depois dele) de quilômetros, o tamanho do universo observável. A mecânica quântica, por outro lado, lida com fenômenos em escalas extremamente pequenas, como um milionésimo de milionésimo de centímetro. Infelizmente, contudo, estas duas teorias são sabidamente incoerentes entre si — não é possível que ambas estejam corretas. Um dos maiores empreendimentos da física hoje, e o principal tema deste livro, é a busca por uma nova teoria que incorpore as duas — uma teoria quântica da gravidade. Ainda não temos tal teoria e podemos estar muito longe de encontrá-la, mas já conhecemos muitas das propriedades que ela deve ter. Veremos nos próximos capítulos que já sabemos um bocado sobre as previsões que uma teoria quântica da gravidade deverá fazer.

Dos átomos às galáxias
Na primeira metade do século XX, os físicos ampliaram o alcance de suas teorias, do mundo cotidiano de Isaac Newton aos menores e maiores extremos de nosso universo.

Ora, se você acredita que o universo não é arbitrário, mas governado por leis bem definidas, então terá, em última instância, de combinar as teorias parciais e criar uma teoria unificada completa que descreva tudo no universo. Mas existe um paradoxo fundamental na busca de tal teoria unificada completa. As idéias sobre teorias científicas acima descritas em linhas gerais partem da premissa de que somos seres racionais, livres para observar o universo como quisermos e tirar as deduções lógicas daquilo que vemos. Em tal esquema, é razoável supor que poderíamos progredir e ficarmos cada vez mais perto das leis que governam nosso universo. Contudo, se realmente existisse uma teoria unificada completa, ela supostamente também determinaria nossas ações — portanto, a própria teoria determinaria o desfecho de nossa procura por ela! E por que ela deveria determinar que, partindo das evidências, chegássemos às conclusões corretas? Não poderia determinar igualmente que chegássemos à conclusão errada? Ou, até, a nenhuma conclusão?

A única resposta que podemos dar a este problema se baseia no princípio da seleção natural de Darwin. A idéia é que, em qualquer população de organismos que se auto-reproduzem, haverá variações no material genético e na vivência que os diferentes indivíduos têm. Estas diferenças implicam que alguns indivíduos são mais aptos que outros a tirar as conclusões corretas sobre o mundo ao seu redor e a agir de acordo com isso. Estes indivíduos terão maior probabilidade de sobreviver e se reproduzir e, portanto, seu padrão de comportamento e raciocínio virá a dominar. Foi certamente verdadeiro no passado que aquilo que chamamos de inteligência e descoberta científica conferiram uma vantagem de sobrevivência. Não é tão certo assim que ainda seja este o caso: é bem possível que nossas descobertas científicas destruam a todos nós e, mesmo que não o façam, uma teoria unificada completa poderá não fazer grande diferença para as nossas chances de sobrevivência. No entanto, já que o universo evoluiu regularmente, poderíamos esperar que as capacidades de raciocínio que nos foram dadas pela seleção natural também seriam válidas na nossa busca por uma teoria unificada completa e, portanto, não nos levariam às conclusões erradas.

Uma vez que as teorias parciais que já temos são suficientes para fazer previsões precisas em todas as situações, exceto nas mais extremas, a busca pela teoria definitiva do universo parece difícil de ser justificada em termos práticos. (Vale notar, contudo, que argumentos semelhantes poderiam ter sido usados contra a relatividade e a mecânica quântica, e estas teorias nos deram tanto a energia nuclear quanto a revolução da microeletrônica). A descoberta de uma teoria unificada completa, portanto, pode não auxiliar na sobrevivência da nossa espécie. Pode nem mesmo afetar nosso estilo de vida. Mas, desde o alvorecer da civilização, as pessoas não se contentam em considerar os eventos desconectados e inexplicáveis. Ansiamos por uma compreensão da ordem subjacente no mundo. Ainda hoje almejamos saber por que estamos aqui e de onde viemos. O mais profundo desejo da humanidade pelo conhecimento é uma justificativa suficiente para nossa contínua procura. E nosso objetivo não é nada menos que uma descrição completa do universo em que vivemos.

Capítulo 4

O universo de Newton

NOSSAS IDÉIAS ATUAIS SOBRE O MOVIMENTO dos corpos remontam a Galileu e Newton. Antes deles, as pessoas acreditavam em Aristóteles, que disse que o estado natural de um corpo era estar em repouso, só se movendo impelido por uma força ou impulso. Seguia-se que um corpo mais pesado cairia mais rapidamente que outro leve porque seria mais puxado em direção à terra. A tradição aristotélica também sustentava que era possível descobrir todas as leis que governam o universo através do pensamento puro: não era necessário confirmar pela observação. Portanto, até Galileu, ninguém se deu o trabalho de ver se os corpos de diferentes pesos de fato caíam a diferentes velocidades. Dizem que Galileu, para demonstrar que a crença de Aristóteles era falsa, teria deixado cair pesos da Torre Inclinada de Pisa, na Itália. É quase certo que esta história seja inverídica, mas Galileu realmente fez algo equivalente: deixou bolas de diferentes pesos rolarem para baixo em um declive liso. A situação é semelhante àquela dos corpos pesados caindo verticalmente, mas é mais fácil de observar porque as velocidades são menores. As medições de Galileu indicaram que cada corpo aumentava sua velocidade em taxas iguais, não importando qual fosse o seu peso. Por exemplo, se você soltar uma bola num declive, cuja altura diminui em um metro a cada dez metros que você avança, a bola estará se deslocando pelo declive a uma velocidade de cerca de um metro por segundo depois de um segundo, de dois metros por segundo depois de dois segundos, e assim por diante, por mais pesada que seja a bola. É claro que um peso de chumbo cairia mais rápido que uma pena, mas isso acontece somente porque a pena é desacelerada pela resistência do ar. Se você deixar cair dois corpos que não tenham muita resistência ao ar, por exemplo, dois diferentes pesos de chumbo, eles cairão com a mesma taxa.

(Logo veremos por que isto acontece.) Na Lua, onde não existe ar para desacelerar os objetos em queda, o astronauta David R. Scott realizou o experimento da pena e do peso de chumbo e constatou que, de fato, eles atingiram o chão ao mesmo tempo.

As medições de Galileu foram usadas por Newton como a base de suas leis do movimento. Nos experimentos de Galileu, à medida que um corpo rolava declive abaixo, sobre ele sempre agia a mesma força (seu peso) e o efeito era fazê-lo acelerar constantemente. Isto mostrava que o verdadeiro efeito de uma força é sempre alterar a velocidade de um corpo, e não simplesmente colocá-lo em movimento, como se pensava anteriormente. Também significava que, sempre que não existir força alguma agindo sobre um corpo, este continuará num movimento em linha reta à mesma velocidade. Esta idéia foi explicitamente exposta pela primeira vez em 1687, nos *Principia Mathematica* de Newton, sendo conhecida como a primeira lei de Newton. O que acontece a um corpo quando uma força de fato age sobre ele é dado pela segunda lei de Newton. Esta declara que o corpo irá se acelerar, ou alterar sua velocidade, numa taxa que é proporcional à força. (Por exemplo, a aceleração será duas vezes maior se a força for duas vezes maior.) A aceleração será também menor quanto maior for a massa (ou quantidade de matéria) do corpo. (A mesma força agindo sobre um corpo com o dobro da massa produzirá a metade da aceleração.) Um exemplo familiar é fornecido por um carro: quanto mais potente o motor, maior a aceleração, mas quanto mais pesado o carro, menor a aceleração para o mesmo motor.

Além das leis do movimento, que descrevem como os corpos reagem a forças, a teoria da gravidade de Newton descreve como determinar a intensidade de um dado tipo de força, a da gravidade. Como já dissemos, essa teoria declara que todo corpo atrai todo outro corpo com uma força que é proporcional à massa de cada corpo. Logo, a força entre dois corpos teria o dobro da intensidade se um dos corpos (digamos, o corpo A) tivesse a massa dobrada. É isto o que poderíamos esperar, porque poderíamos pensar no novo corpo A como um corpo feito de dois corpos, cada qual com a massa original. Cada um destes atrairia o corpo B com a força original. Logo, a força total entre A e B seria o dobro da força original. E se, digamos, um dos corpos tivesse seis vezes a massa, ou se um tivesse o dobro da massa, e o outro, o triplo da massa, então a força entre eles seria seis vezes maior.

Agora você pode entender por que todos os corpos caem à mesma velocidade. De acordo com a lei da gravidade de Newton, um corpo com o dobro do peso terá o dobro da força da gravidade puxando-o para baixo. Mas ele também terá o dobro da massa e, portanto, de acordo com a segunda lei de Newton, metade da aceleração por unidade de força. De acordo com as leis de Newton, estes dois efeitos se cancelam reciprocamente com exatidão; portanto, a aceleração será a mesma, não importando qual seja o peso.

Atração gravitacional de corpos compostos
Se a massa de um corpo for dobrada, também o será a força gravitacional exercida por ele.

A lei da gravidade de Newton também nos informa que quanto mais distantes entre si os corpos, menor a força. A lei diz que a atração gravitacional de uma estrela é exatamente um quarto daquela de uma estrela semelhante à metade da distância. Esta lei prevê as órbitas da Terra, da Lua e dos planetas com grande precisão. Se a lei declarasse que a atração gravitacional de uma estrela caía mais rapidamente ou mais lentamente com a distância, as órbitas dos planetas não seriam elípticas; eles ou descreveriam uma espiral em direção ao Sol ou escapariam do Sol.

A grande diferença entre as idéias de Aristóteles e as de Galileu e de Newton é que Aristóteles acreditava em um estado preferencial de repouso, que qualquer corpo assumiria se não fosse impelido por alguma força ou impulso. Em particular, ele achava que a Terra estava em repouso. Mas segue-se das leis de Newton que não existe um padrão único de repouso. Seria igualmente correto dizer que o corpo A estava em repouso e que o corpo B estava se movendo a uma velocidade constante com relação ao corpo A, ou que o corpo B estava em repouso e o corpo A estava se movendo. Por exemplo, se por um momento deixássemos de lado a rotação da Terra e a sua órbita ao redor do Sol, poderíamos dizer que a Terra estava em repouso e que um trem nela estava se deslocando para o norte a noventa quilômetros por hora ou que o trem estava em repouso e a Terra estava se movendo para o sul a noventa quilômetros por hora. Se realizássemos experimentos com corpos em movimento no trem, todas as leis de Newton ainda seriam válidas. Quem está certo: Newton ou Aristóteles? E como é que podemos saber?

Um teste seria este: imagine que você esteja fechado dentro de uma caixa e não saiba se a caixa encontra-se em repouso no chão de um trem em movimento ou sobre a terra sólida, esta última sendo o padrão de repouso de acordo com Aristóteles. Existe um meio de se determinar qual é a situação? Se existir, talvez Aristóteles estivesse certo — estar em repouso sobre a Terra é especial. Mas se você realizasse os experimentos na sua caixa sobre o trem, os resultados se revelariam exatamente iguais àqueles obtidos se você estivesse dentro da sua caixa sobre a plataforma de trem "estacionária" (supondo que não existam solavancos, viradas ou outras imperfeições na viagem de trem). Se jogasse pingue-pongue no trem, você descobriria que a bola se comportaria exatamente como uma bola na mesa de pingue-pongue ao lado da linha férrea. E se você estiver na sua caixa em diferentes velocidades em relação à Terra, digamos a zero, cinqüenta e noventa quilômetros por hora, a bola se comportará da mesma forma em todas estas situações. É assim que o mundo se comporta e é o que a matemática das leis de Newton reflete: não existe uma maneira de saber se é o trem ou se é a Terra que está se movendo. O conceito de movimento só faz sentido quando se relaciona com outros objetos.

Realmente importa quem está correto, Aristóteles ou Newton? Seria só uma diferença na maneira de ver o mundo ou na filosofia ou seria uma questão importante para a ciência? Na verdade, a ausência de um padrão absoluto de repouso traz profundas implicações para a física: significa que não podemos determinar se dois eventos que ocorreram em diferentes momentos ocorreram na mesma posição no espaço.

Para imaginar isto, suponhamos que alguém num trem quicasse uma bola de pingue-pongue diretamente para cima e para baixo, atingindo a mesa duas vezes no mesmo lugar, com um intervalo de um segundo. Para essa pessoa, os locais da primeira e segunda batidas terão uma separação espacial igual a zero. Para alguém de pé ao lado da linha férrea, pareceria que as duas batidas ocorrem a uma distância de aproximadamente 40 metros, porque o trem teria percorrido essa distância ao longo da linha férrea entre as batidas. De acordo com Newton, os dois observadores têm direitos iguais de se considerarem em repouso e, portanto, ambos os pontos de vista são igualmente aceitáveis. Um não é favorecido em relação ao outro, como acreditava Aristóteles. As posições observadas dos eventos e as distâncias entre elas seriam diferentes para uma pessoa no trem e outra ao lado da linha férrea, e não haveria motivo algum para preferir as observações de uma pessoa às da outra.

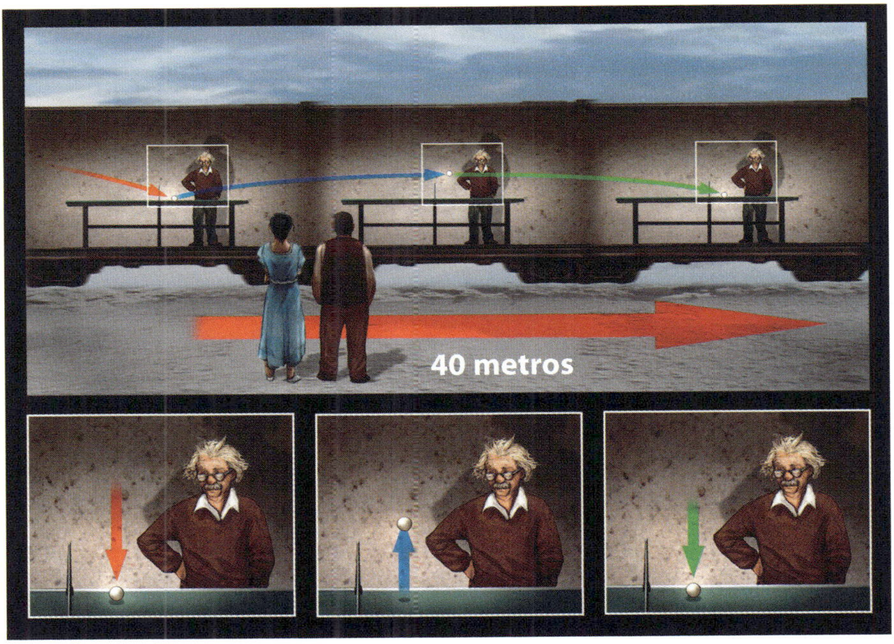

Relatividade da distância
A distância — e a trajetória — que um objeto percorre pode parecer diferente a diferentes observadores.

Newton se preocupou bastante com esta falta de posição absoluta, ou espaço absoluto, como era chamado, porque isso não estava de acordo com sua idéia de um Deus absoluto. De fato, ele se recusou a aceitar a ausência de um espaço absoluto, mesmo sendo uma implicação de suas leis. Ele foi severamente criticado por esta crença irracional por muitas pessoas, mais notavelmente pelo bispo George Berkeley, um filósofo irlandês que acreditava que todos os objetos materiais e o espaço e tempo eram uma ilusão. Quando contaram ao famoso Dr. Johnson sobre a opinião de Berkeley, ele gritou: "Eu o refuto, pois!" e bateu com o dedo do pé em uma grande pedra.

Tanto Aristóteles quanto Newton acreditavam em tempo absoluto. Isto é, acreditavam que era possível medir sem ambigüidade o intervalo de tempo entre dois eventos e que este tempo seria o mesmo, quem quer que o medisse, desde que a pessoa usasse um bom relógio. Ao contrário do espaço absoluto, o tempo absoluto era compatível com as leis de Newton. E é o que a maioria das pessoas assumiria como o ponto de vista do senso comum. Entretanto, no século XX, os físicos perceberam que tinham de mudar de idéia sobre o tempo e sobre o espaço. Como veremos, eles descobriram que o intervalo de tempo entre eventos, como a distância entre os pontos onde a bola de pingue-pongue quicou, depende do observador. Também descobriram que o tempo não era inteiramente separado e independente do espaço. A chave para estas percepções foi um novo conceito sobre as propriedades da luz. É possível que possam parecer se opor à nossa experiência, mas embora nossas noções aparentemente sensatas funcionem bem quando lidamos com coisas como maçãs ou planetas que se deslocam devagar em relação a outros, não funcionam em absoluto para coisas que se movem com uma velocidade igual ou próxima à da luz.

Capítulo 5

Relatividade

O FATO DE A LUZ SE DESLOCAR a uma velocidade finita, mas bem alta, foi descoberto pela primeira vez em 1676 pelo astrônomo dinamarquês Ole Christensen Roemer. Se você observar as luas de Júpiter, perceberá de tempos em tempos que elas desaparecem do campo de visão porque passam por trás do planeta gigante. Estes eclipses das luas de Júpiter deveriam ocorrer a intervalos regulares, mas Roemer observou que os eclipses nem mesmo eram homogeneamente espaçados. As luas de alguma forma se aceleravam e desaceleravam em suas órbitas? Ele tinha uma outra explicação. Se a luz viajasse a uma velocidade infinita, então nós, na Terra, veríamos os eclipses a intervalos regulares, exatamente ao mesmo tempo em que ocorressem, como os tique-taques de um relógio cósmico. Já que a luz atravessaria qualquer distância instantaneamente, esta situação não se alteraria caso Júpiter se movesse mais para perto ou mais para longe da Terra.

Imaginemos, agora, que a luz se desloca a uma velocidade finita. Neste caso, veremos cada eclipse algum tempo depois que tiver ocorrido. Este atraso depende da velocidade da luz *e* da distância de Júpiter até a Terra. Se Júpiter não alterasse sua distância em relação à Terra, o atraso seria igual para todo eclipse. Entretanto, Júpiter às vezes se move mais para perto da Terra. Em tais casos, o "sinal" de cada eclipse sucessivo tem uma distância cada vez menor a percorrer e, portanto, chega progressivamente mais cedo do que se Júpiter tivesse permanecido a uma distância constante. Por razões análogas, quando Júpiter está se afastando da Terra, vemos os eclipses progressivamente mais tarde. O grau desta chegada adiantada e atrasada depende da velocidade da luz e isto nos permite medi-la. Foi o que Roemer fez. Ele percebeu que os eclipses de uma das luas de Júpiter surgiam mais cedo nas épocas do ano em que a Terra estava se aproximando da órbita de Júpiter e mais tarde nas épocas em que a Terra estava se afastando, e ele usou esta diferença para calcular a velocidade da luz. Entretanto, suas medições das variações na distância de Júpiter até a Terra não foram muito precisas e, portanto, o valor que ele calculou para a velocidade da luz foi de 225.000 quilômetros por segundo, em comparação com o valor moderno de 300.000 quilômetros por segundo. Ainda assim, a proeza de Roemer, não apenas em demonstrar que a luz viaja a uma velocidade finita, mas também na medição dessa velocidade, foi excepcional, tendo sido realizada como o foi onze anos antes da publicação dos *Principia Mathematica* de Newton.

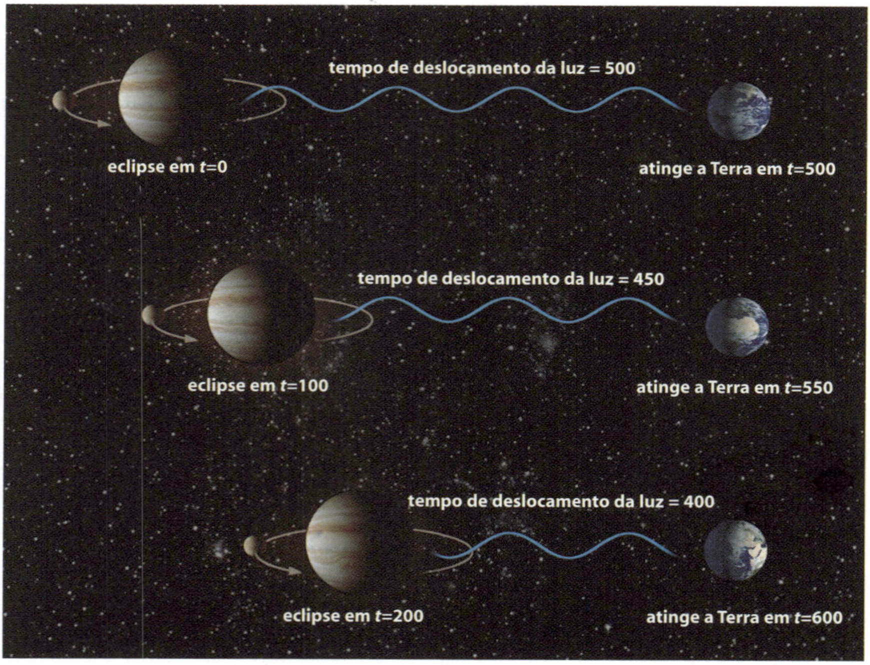

A velocidade da luz e a cronometragem dos eclipses
Os tempos observados dos eclipses das luas de Júpiter dependem tanto do tempo real dos eclipses quanto do tempo que sua luz leva para viajar de Júpiter até a Terra. Portanto, os eclipses parecem surgir mais freqüentemente quando Júpiter está se movendo em direção à Terra e menos freqüentemente quando está se afastando. Este efeito é aqui exagerado por uma questão de clareza.

Uma boa teoria da propagação da luz só chegou em 1865, quando o físico britânico James Clerk Maxwell conseguiu unificar as teorias parciais que, até então, vinham sendo utilizadas para descrever as forças da eletricidade e do magnetismo. Embora a eletricidade e o magnetismo fossem conhecidos desde os tempos antigos, foi somente no século XVIII que o químico britânico Henry Cavendish e o físico francês Charles-Augustin de Coulomb estabeleceram as leis quantitativas que governam a força elétrica entre dois corpos carregados. Poucas décadas depois, no início do século XIX, vários físicos estabeleceram leis análogas para as forças magnéticas. Maxwell demonstrou matematicamente que estas forças elétricas e magnéticas não se originam das partículas agindo diretamente uma sobre a outra; pelo contrário, cada carga e corrente elétrica cria um campo no espaço circundante que exerce uma força sobre toda outra carga e corrente localizada nesse espaço. Ele constatou que um mesmo campo transporta as forças elétricas e magnéticas; portanto, eletricidade e magnetismo são aspectos inseparáveis da mesma força. Ele deu a essa força o nome de força eletromagnética e ao campo que a carrega, campo eletromagnético.

As equações de Maxwell previram que poderiam existir distúrbios semelhantes a ondas no campo eletromagnético e que essas ondas se deslocariam a uma velocidade fixa, como as ondulações num lago. Ao calcular essa velocidade, ele constatou que coincidia com exatidão com a velocidade da luz! Hoje sabemos que as ondas de Maxwell são visíveis ao olho humano na forma de luz quando têm um comprimento de onda entre quarenta e oitenta milionésimos de centímetro. (Uma onda é uma sucessão de cristas e vales; o comprimento de onda é a distância entre as cristas ou entre os vales da onda. Ondas com comprimentos de onda menores que aqueles da luz visível são atualmente conhecidas como luz ultravioleta, raios X e raios gama. Ondas com comprimentos de onda maiores são denominadas ondas de rádio (um metro ou mais), microondas (por volta de um centímetro) ou radiação infravermelha (menos de um décimo de milésimo de centímetro, mas maior que a faixa visível).

Comprimento de onda
O comprimento de onda de uma onda é a distância entre sucessivos picos ou vales.

A teoria de Maxwell implicava que as ondas de rádio ou de luz viajariam a uma determinada velocidade fixa. Isto era difícil de conciliar com a teoria de Newton de que não existe um padrão absoluto de repouso, porque, se não existir tal padrão, não poderá existir nenhuma concordância universal sobre a velocidade de um objeto. Para entender o porquê, imagine-se novamente jogando pingue-pongue no trem. Se você lançar a bola em direção à frente do trem com uma velocidade que seu oponente mede e constata ser de dez quilômetros por hora, então você esperaria que um observador na plataforma percebesse a bola movendo-se a cem quilômetros por hora — os dez a que ela está se movendo em relação ao trem, mais os noventa a que o trem está se movendo em relação à plataforma. Qual é a velocidade da bola, dez quilômetros por hora ou cem? Como você a define — em relação ao trem ou em relação à Terra? Sem um padrão absoluto de repouso, não é possível atribuir à bola uma velocidade absoluta. Seria como dizer que a mesma bola tem qualquer velocidade, dependendo do sistema de referência em que a velocidade é medida. De acordo com a teoria de Newton, o mesmo deve ser válido para a luz. Então, na teoria de Maxwell, quais as implicações de as ondas de luz viajarem a uma determinada velocidade fixa?

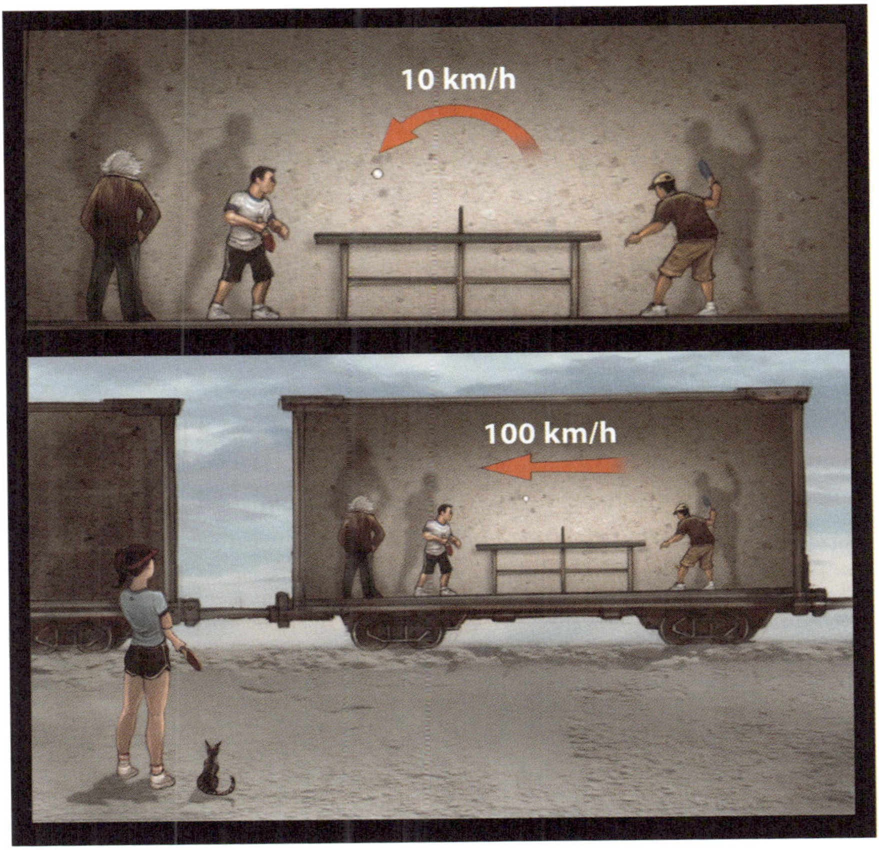

Diferentes velocidades das bolas de pingue-pongue
De acordo com a teoria da relatividade, embora possam ser discordantes, a medição da velocidade de um objeto feita por cada observador é igualmente válida.

Para conciliar a teoria de Maxwell com as leis de Newton, foi sugerido que existiria uma substância, denominada éter, que estaria presente em todos os lugares, até mesmo no vácuo do espaço "vazio". A idéia do éter teve certo atrativo a mais para os cientistas que tiveram a impressão de que, qualquer que fosse o caso, assim como as ondas de água precisam de água ou as ondas sonoras exigem ar, as ondas de energia eletromagnética devem exigir que algum meio as transporte. Nesta concepção, as ondas de luz se deslocam através do éter, assim como as ondas sonoras de deslocam através do ar, e sua "velocidade" conforme derivada das equações de Maxwell deve ser, portanto, medida em relação ao éter. Diferentes observadores veriam a luz vindo em sua direção a diferentes velocidades, mas a velocidade da luz em relação ao éter permaneceria fixa.

Esta idéia poderia ser testada. Imaginemos a luz emitida de alguma fonte. De acordo com a teoria do éter, a luz se desloca através do éter à velocidade da luz. Se você se mover em direção a ela através do éter, a velocidade com que você se aproxima da luz será a soma da velocidade da luz através do éter e da sua (você, leitor) velocidade através do éter. A luz se aproximará mais rápido de você do que se, digamos, você não se mover ou se mover em alguma outra direção. Contudo, por ser a velocidade da luz tão imensa em comparação às velocidades em que poderíamos nos mover em direção a uma fonte de luz, esta diferença na velocidade era um efeito muito difícil de medir.

Em 1887, Albert Michelson (que mais tarde tornou-se o primeiro norte-americano a receber o Prêmio Nobel de física) e Edward Morley realizaram um experimento bem meticuloso e difícil na Escola Case de Ciências Aplicadas (atualmente Universidade Case Western Reserve) em Cleveland. Eles perceberam que, já que a Terra orbita o Sol a uma velocidade de quase 30 quilômetros por segundo, o próprio laboratório deveria estar se movendo através do éter a uma fração relativamente alta da velocidade. Obviamente, ninguém sabia em que direção ou com que rapidez o éter poderia estar se movendo com relação ao Sol ou sequer se estava realmente se movendo. Mas, com a repetição de um experimento em diferentes épocas do ano, quando a Terra se encontrava em diferentes posições ao longo de sua órbita, eles tinham a esperança de levar em conta este fator desconhecido. Portanto, Michelson e Morley montaram um experimento para comparar a velocidade da luz medida na direção do movimento da Terra através do éter (quando estamos nos movendo em direção à fonte de luz) com a velocidade da luz em ângulos retos em relação a esse movimento (quando não estamos nos movendo em direção à fonte). Para sua grande surpresa, constataram que a velocidade em ambas as direções era exatamente a mesma!

Entre 1887 e 1905, houve várias tentativas de salvar a teoria do éter. A mais incrível foi a do físico holandês Hendrik Lorentz, que tentou explicar o resultado do experimento Michelson-Morley em termos de objetos se contraindo e relógios desacelerando quando eles se moviam através do éter. Entretanto, em um artigo famoso de 1905, um até então desconhecido funcionário do escritório de patentes da Suíça, Albert Einstein, enfatizou que a idéia toda do éter era desnecessária, desde que estivéssemos dispostos a abandonar a idéia de tempo absoluto (logo veremos por quê). Um importante matemático francês, Henri Poincaré, apresentou uma proposta semelhante poucas semanas depois. Os argumentos de Einstein estavam mais próximos da física do aqueles de Poincaré, que considerou que este problema era puramente matemático e que, até o dia de sua morte, não aceitou a interpretação da teoria oferecida por Einstein.

O postulado fundamental de Einstein da teoria da relatividade, como foi chamada, declarava que as leis da ciência deveriam ser as mesmas para todos os observadores que estivessem se movimentando livremente, não importando qual fosse a sua velocidade. Isto era verdadeiro para as leis do movimento de Newton, mas, agora, Einstein ampliava a idéia para incluir a teoria de Maxwell. Em outras palavras, já que a teoria de Maxwell preceitua que a velocidade da luz tenha um dado valor, todos os observadores em livre movimentação devem medir esse mesmo valor, não importando com que rapidez estejam se movendo em direção à sua fonte ou se afastando dela. Esta idéia simples certamente explicava — sem uso do éter ou qualquer outro sistema preferencial de referência — o significado da velocidade da luz nas equações de Maxwell e, ainda assim, trazia algumas conseqüências extraordinárias e freqüentemente contrárias à intuição.

Por exemplo, a exigência de que todos os observadores devem concordar sobre a rapidez com que a luz de desloca nos força a mudar nosso conceito de tempo. Imaginemos novamente o trem em velocidade. No Capítulo 4, vimos que, embora alguém no trem que quicasse uma bola de pingue-pongue para cima e para baixo pudesse dizer que a bola se deslocou apenas uns poucos centímetros, outra pessoa de pé na plataforma perceberia a bola se deslocando cerca de quarenta metros. Da mesma forma, se o observador no trem ligasse uma lanterna elétrica, os dois observadores discordariam sobre a distância percorrida pela luz. Já que velocidade é distância dividida por tempo, se eles discordarem sobre a distância que a luz percorreu, a única maneira de concordarem sobre a velocidade da luz é também discordarem sobre o tempo de duração da viagem. Em outras palavras, a teoria da relatividade exige que coloquemos um ponto final à idéia de tempo absoluto! Em vez disto, cada observador deve ter sua própria medida de tempo, registrada por um relógio que ele carrega consigo e relógios idênticos carregados por diferentes observadores não precisam ser concordantes.

Na relatividade, não existe necessidade de introduzir a idéia de um éter, cuja presença, como mostrou o experimento Michelson-Morley, não pode ser detectada. Em vez disso, a teoria da relatividade nos força a mudar fundamentalmente nossas idéias de espaço e tempo. Precisamos aceitar que o tempo não está inteiramente separado e independente de espaço, e sim combinado com ele para formar um objeto chamado espaço-tempo. Não são idéias fáceis de apreender. A relatividade levou anos para se tornar universalmente aceita, mesmo na comunidade dos físicos. É um atestado da imaginação de Einstein o fato de ter sido capaz de concebê-la e um atestado da confiança que tinha em sua própria lógica o fato de ter continuado em frente para elaborar suas conseqüências, apesar das estranhas conclusões para as quais ela parecia estar levando.

Sermos capazes de descrever a posição de um ponto no espaço por meio de três números, ou coordenadas, é uma experiência corriqueira. Por exemplo, podemos dizer que um ponto numa sala está a sete metros de uma das paredes, três metros de outra e cinco metros acima do chão. Ou poderíamos especificar que um ponto está a uma dada latitude e longitude e a uma dada altura acima do nível do mar. Somos livres para empregar quaisquer três coordenadas adequadas, embora elas tenham apenas um limitado alcance de validade. Não seria prático especificar a posição da Lua em termos de quilômetros ao norte e quilômetros a oeste de Piccadilly Circus e metros acima do nível do mar. Em vez disto, poderíamos descrevê-la em termos da distância do Sol, da distância ao plano das órbitas dos planetas e do ângulo entre a linha que une a Lua ao Sol e a linha que une o Sol a uma estrela das proximidades, como a Próxima do Centauro. Mesmo estas coordenadas não teriam muita utilidade na descrição da posição do Sol em nossa galáxia ou na posição da nossa galáxia no grupo local de galáxias. De fato, podemos descrever o universo inteiro em termos de uma coleção de pedaços sobrepostos. Em cada pedaço, podemos usar um conjunto de três coordenadas para especificar a posição de um ponto.

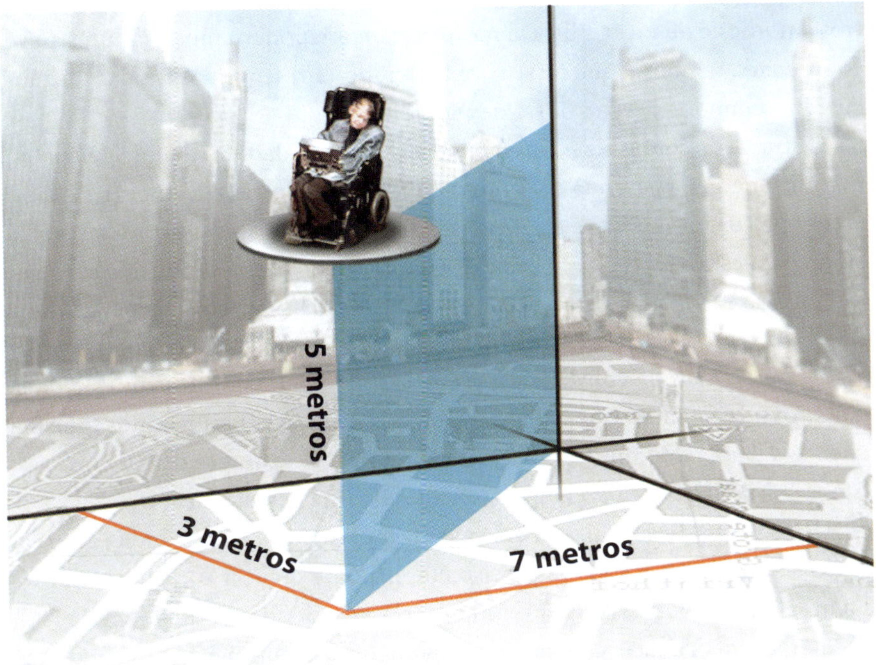

Coordenadas no espaço
Quando dizemos que o espaço tem três dimensões, queremos dizer que são necessários três números, ou coordenadas, para especificar um ponto. Se acrescentarmos o tempo à nossa descrição, então o espaço se transformará em espaço-tempo, com quatro dimensões.

No espaço-tempo da relatividade, qualquer evento — isto é, qualquer coisa que aconteça num dado ponto do espaço e num dado tempo — pode ser especificado por *quatro* números ou coordenadas. Novamente, a escolha de coordenadas é arbitrária: podemos usar quaisquer três coordenadas espaciais bem definidas e qualquer medida de tempo. Mas, na relatividade, não existe uma distinção real entre as coordenadas de espaço e de tempo, exatamente como não existe diferença real alguma entre quaisquer duas coordenadas espaciais. Poderíamos escolher um novo conjunto de coordenadas no qual, digamos, a primeira coordenada espacial fosse uma combinação das antigas primeira e segunda coordenadas espaciais. Portanto, em lugar de medir a posição de um ponto na Terra em quilômetros ao norte de Piccadilly e quilômetros a oeste de Piccadilly, poderíamos usar quilômetros a nordeste de Piccadilly e quilômetros a noroeste de Piccadilly. Da mesma maneira, poderíamos usar uma nova coordenada temporal que fosse o velho tempo (em segundos) mais a distância (em segundos-luz) ao norte de Piccadilly.

Outra bem conhecida conseqüência da relatividade é a equivalência de massa e energia, resumida na famosa equação de Einstein: $E=mc^2$ (na qual *E* é energia, *m* é massa e *c* é a velocidade da luz). As pessoas muitas vezes empregam esta equação para calcular quanta energia seria produzida se, digamos, um tanto de matéria fosse convertido em radiação eletromagnética pura. (Já que a velocidade da luz é um número grande, a resposta é muita energia — o peso da matéria convertida em energia na bomba que destruiu a cidade de Hiroxima foi menor que 30 gramas.) Mas a equação também nos informa que, se a energia de um objeto aumenta, o mesmo acontece com sua massa, isto é, sua resistência à aceleração, ou alteração na velocidade.

Uma forma de energia é a energia do movimento, denominada energia cinética. Exatamente como é preciso energia para colocar o carro em movimento, é preciso energia para aumentar a velocidade de qualquer objeto. A energia cinética de um objeto em movimento é idêntica à energia que você precisa gastar para fazer com que ele se mova. Portanto, quanto mais rápido um objeto se mover, mais energia cinética ele possuirá. Mas, de acordo com a equivalência de energia e massa, a energia cinética contribui para a massa de um objeto e, portanto, quanto mais rápido um objeto se mover, mais difícil será para aumentar ainda mais a velocidade do objeto.

Este efeito é realmente significativo apenas para objetos movendo-se a velocidades próximas à da luz. Por exemplo, a 10% da velocidade da luz, a massa de um objeto é apenas 0,5% maior que o normal, ao passo que, a 90% da velocidade da luz, ele teria mais do dobro de sua massa normal. À medida que um objeto se aproxima da velocidade da luz, sua massa aumenta cada vez mais rapidamente e, portanto, é preciso mais e mais energia para acelerá-lo ainda mais. De acordo com a teoria da relatividade, um objeto nunca poderá de fato atingir a velocidade da luz, porque, nesse ponto, sua massa teria se tornado infinita e, segundo a equivalência de massa e energia, seria preciso uma quantidade infinita de energia para chegar até lá. É por esta razão que qualquer objeto normal está confinado para sempre pela relatividade a se mover a velocidades menores que a da luz. Somente a luz, ou outras ondas que não tenham massa intrínseca, pode se mover à velocidade da luz.

A teoria da relatividade de 1905 de Einstein é denominada relatividade especial. Isto acontece porque, embora se saísse muito bem em explicar que a velocidade da luz era igual para todos os observadores e em explicar o que acontece quando as coisas se movem a velocidades próximas à da luz, era incompatível com a teoria newtoniana da gravidade. A teoria de Newton declara que, a qualquer dado momento, os objetos são reciprocamente atraídos com uma força que depende da distância entre eles nesse momento. Isto significa que, se você movesse um dos objetos, a força sobre o outro mudaria instantaneamente. Se, digamos, o Sol subitamente desaparecesse, a teoria de Maxwell nos diz que a Terra não ficaria escura por cerca de mais oito minutos (já que é o quanto a luz leva para partir do Sol e chegar até nós), mas, de acordo com a gravidade newtoniana, a Terra imediatamente cessaria de sentir a atração do Sol e fugiria da órbita. O efeito gravitacional do desaparecimento do Sol teria, portanto, nos atingido com velocidade infinita, em vez de a uma velocidade igual ou menor que a da luz, como exigia a teoria especial da relatividade. Einstein fez várias tentativas malogradas entre 1908 e 1914 para encontrar uma teoria da gravidade que fosse compatível com a relatividade especial. Finalmente, em 1915, ele propôs uma teoria mais revolucionária ainda, que hoje chamamos de teoria da relatividade geral.

Capítulo 6

Espaço curvo

A TEORIA DA RELATIVIDADE GERAL DE EINSTEIN baseia-se na revolucionária sugestão de que a gravidade não é uma força como as demais forças, mas uma conseqüência do fato de o espaço-tempo não ser plano, como se admitia anteriormente. Na relatividade geral, o espaço-tempo é curvo, ou "dobrado", pela distribuição da massa e energia dentro dele. Corpos como a Terra não são colocados em movimento em órbitas curvas por uma força chamada gravidade; pelo contrário, eles se movem em órbitas curvas porque seguem a coisa mais próxima a uma trajetória retilínea em um espaço curvo, que é denominada uma geodésica. Tecnicamente falando, uma geodésica é definida como o caminho mais curto (ou mais longo) entre dois pontos próximos.

Um plano geométrico é um exemplo de espaço plano bidimensional, no qual as geodésicas são linhas retas. A superfície da Terra é um espaço curvo bidimensional. Uma geodésica na Terra é um grande círculo. O equador é um grande círculo. Também o é qualquer outro círculo no globo cujo centro coincida com o centro da Terra. (O termo "grande círculo" origina-se do fato de estes círculos serem os maiores que podem ser desenhados no globo.) Já que a geodésica é o caminho mais curto entre dois aeroportos, é essa a rota ao longo da qual o navegador de uma companhia aérea ordenará que o piloto voe. Por exemplo, você poderia voar de Nova York a Madri seguindo a bússola por 6.865 quilômetros quase que diretamente ao leste, ao longo da mesma linha de latitude compartilhada por essas cidades. Mas você poderá chegar lá em 6.676 quilômetros se voar ao longo de um grande círculo, rumando inicialmente a nordeste, depois virando gradualmente para leste e, então, para sudeste. A aparência destes dois caminhos num mapa, no qual a superfície do globo foi distorcido (aplanado), é decepcionante. Quando você se move "em linha reta" para o leste, na verdade não estará se movendo em linha reta, pelo menos não no sentido da trajetória mais direta, a geodésica.

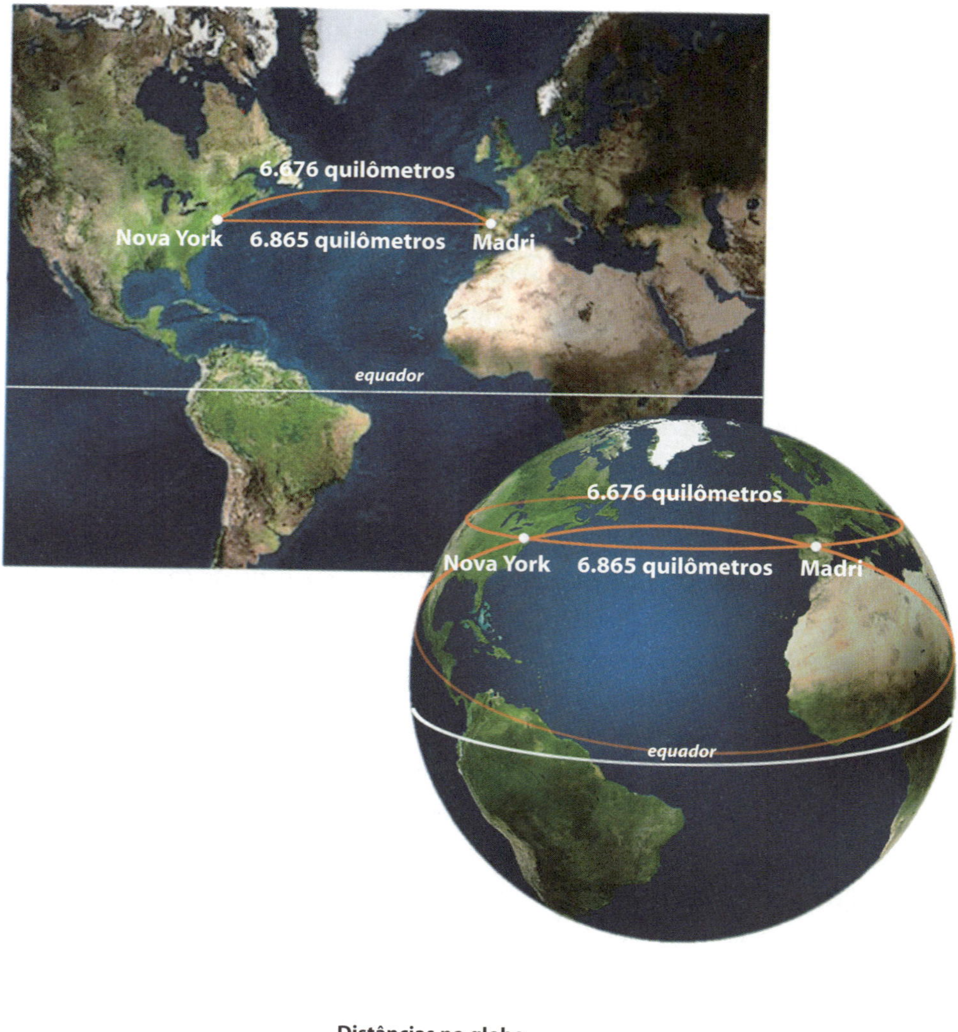

Distâncias no globo
A distância mais curta entre dois pontos no globo é ao longo de um grande círculo, que não corresponderá a uma linha reta se você estiver olhando num mapa plano.

Na relatividade geral, os corpos sempre seguem as geodésicas no espaço-tempo quadridimensional. Na ausência de matéria, estas geodésicas no espaço-tempo quadridimensional correspondem a linhas retas no espaço tridimensional. Na presença de matéria, o espaço-tempo quadridimensional é distorcido, fazendo com que as trajetórias dos corpos no espaço tridimensional se curvem de uma maneira que, na velha teoria newtoniana, era explicada pelos efeitos da atração gravitacional. Isto é um pouco parecido com ver um avião voando sobre um solo montanhoso. O avião poderia estar se movendo numa linha reta através do espaço tridimensional, mas remova a terceira dimensão — altura — e você descobrirá que a sombra dele segue um caminho curvo sobre o solo montanhoso bidimensional. Ou, então, imagine uma espaçonave voando em linha reta através do espaço, passando diretamente acima do Pólo Norte. Projete sua trajetória na superfície bidimensional da Terra e você descobrirá que ela segue um semicírculo, traçando uma linha de longitude sobre o hemisfério norte. Embora o fenômeno seja mais difícil de imaginar, a

Caminho da sombra de uma espaçonave
Projetado no globo bidimensional, o caminho de uma espaçonave voando ao longo de uma linha reta no espaço parecerá curvo.

massa do Sol faz o espaço-tempo curvar-se de tal maneira que, embora a Terra siga uma geodésica no espaço-tempo quadridimensional, parece-nos que ela se move ao longo de uma órbita quase circular no espaço tridimensional.

Na verdade, embora sejam derivadas de maneiras diferentes, as órbitas dos planetas previstas pela relatividade geral são quase exatamente iguais àquelas previstas pela teoria newtoniana da gravidade. O maior desvio está na órbita de Mercúrio, que, sendo o planeta mais próximo do Sol, sente os efeitos gravitacionais mais fortes e possui uma órbita elíptica bem alongada. A relatividade geral prediz que o eixo maior da elipse deveria girar em torno do Sol numa razão de cerca de um grau a cada dez mil anos. Por menor que seja, este

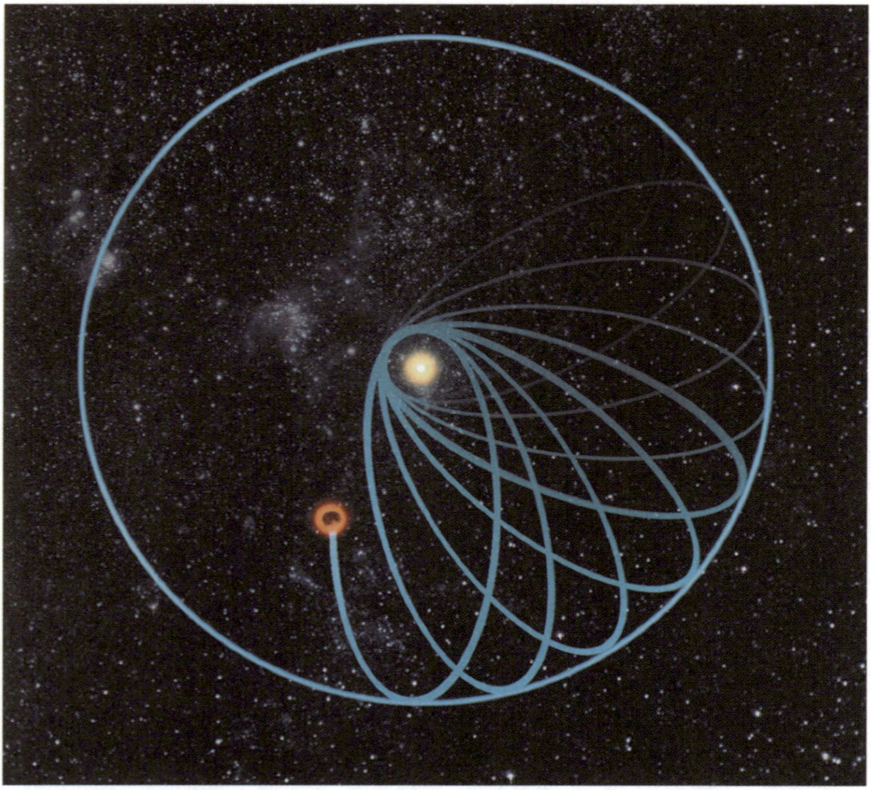

Precessão da órbita de Mercúrio
À medida que Mercúrio segue repetidamente sua órbita ao redor do Sol, o eixo maior de sua trajetória elíptica sofre lentamente uma rotação.

efeito tinha sido percebido (veja o Capítulo 3) muito antes de 1915 e serviu como uma das primeiras confirmações da teoria de Einstein. Nos últimos anos, desvios ainda menores nas órbitas dos outros planetas em relação às previsões newtonianas foram medidos por radar, e foi constatado que são condizentes com as previsões da relatividade geral.

Os raios luminosos também devem seguir as geodésicas no espaço-tempo. Novamente, o fato de o espaço ser curvo implica que a luz não mais parece viajar em linhas retas no espaço e, portanto, a relatividade geral prediz que os campos gravitacionais devem curvar a luz. Por exemplo, a teoria prediz que o caminho da luz perto do Sol seria ligeiramente curvado para dentro, por conta da massa do Sol. Isto significa que a luz de uma estrela distante que por algum motivo passasse perto do Sol seria defletida em um pequeno ângulo, fazendo com que a estrela apareça numa posição diferente a um observador na Terra. Naturalmente, se a luz vinda da estrela sempre passasse próxima ao Sol, não seríamos capazes de dizer se a luz estava sendo defletida ou se, pelo contrário, a estrela estaria realmente onde parece que a vemos. Entretanto, já que a Terra segue uma órbita ao redor do Sol, diferentes estrelas parecem passar por trás do Sol e têm sua luz defletida. Elas portanto alteram sua posição aparente em relação às outras estrelas.

Normalmente, é muito difícil observar este efeito, porque a luz do Sol torna impossível observar as estrelas que aparecem no céu perto do Sol. Entretanto, é possível fazê-lo durante um eclipse do Sol, quando a Lua bloqueia a luz do Sol. A previsão da deflexão da luz feita por Einstein não pôde ser testada imediatamente em 1915 porque a Primeira Guerra Mundial estava em progresso. Foi somente em 1919 que uma expedição britânica, observando um eclipse da costa da África ocidental, demonstrou que a luz foi de fato defletida pelo Sol, exatamente como previsto pela teoria. Esta prova de uma teoria alemã por cientistas britânicos foi recebida como um grande ato de reconciliação entre os dois países depois da guerra. É irônico, portanto, que um exame posterior das fotografias tiradas naquela expedição tenha mostrado que os erros foram tão grandes quanto o efeito que estavam tentando medir. A medição deles tinha sido pura sorte, ou talvez fosse a resposta certa por eles saberem o resultado que queriam obter — uma ocorrência não rara na ciência. A deflexão da luz, contudo, foi confirmada com precisão por inúmeras observações posteriores.

Deflexão da luz perto do Sol
Quando o Sol se situa quase diretamente entre a Terra e uma estrela distante, seu campo gravitacional deflete a luz de uma estrela, alterando sua posição aparente.

Outra previsão da relatividade geral é que o tempo deveria parecer passar mais lentamente perto de um corpo maciço como a Terra. Einstein se deu conta disto pela primeira vez em 1907, cinco anos antes de ter compreendido que a gravidade também alterava o formato do espaço e oito anos antes de ter concluído sua teoria. Ele derivou o efeito usando seu princípio da equivalência, que desempenhou na relatividade geral o papel que o postulado fundamental desempenhou na teoria especial.

Lembremos que o postulado fundamental da relatividade especial afirmava que as leis da ciência devem ser as mesmas para todos os observadores em livre movimentação, não importa em que velocidade estejam se movendo. Grosso modo, o princípio da equivalência estende isto para aqueles observadores que não estão se movimentando livremente, mas estão sob a influência de um campo gravitacional. Num enunciado preciso do princípio, existem alguns pontos técnicos, como o fato de que, se o campo gravitacional não for uniforme, você precisará aplicar o princípio separadamente a uma série de pequenas regiões, mas não vamos nos preocupar com isso aqui. Para os nossos fins, podemos enunciar o princípio da seguinte maneira: em regiões suficientemente pequenas do espaço, é impossível saber se você está em repouso num campo gravitacional ou em aceleração uniforme no espaço vazio.

Imagine que você está num elevador no espaço vazio. Não existe gravidade, nem "em cima", nem "embaixo". Você está flutuando livremente. Agora, o elevador começa a se mover com uma aceleração constante. Subitamente, você sente o peso. Isto é, sente um puxão em direção a uma das extremidades do elevador, que repentinamente lhe parece ser o chão! Se, agora, você soltar uma maçã e deixá-la ir, ela cairá no chão. Na verdade, agora que você está em aceleração, tudo o que acontecer dentro do elevador se desenrolará exatamente como o faria se o elevador não estivesse se movimentando, mas estivesse em repouso num campo gravitacional uniforme. Einstein compreendeu que, assim como, de dentro de um trem, você não pode saber se está ou não se movendo uniformemente, também não pode saber, de dentro do elevador, se está se acelerando uniformemente ou se está num campo gravitacional uniforme. O resultado foi o princípio da equivalência de Einstein.

O princípio da equivalência, e o exemplo acima deste princípio, só será verdadeiro se a massa inercial (a massa na segunda lei de Newton que determina o quanto você acelera em resposta a uma força) e a massa gravitacional (a massa na lei da gravidade de Newton que determina quanta força gravitacional você sente) forem a mesma coisa (veja o Capítulo 4). O motivo disto é que, se os dois tipos de massa forem iguais, então todos os objetos num campo gravitacional cairão à mesma taxa, não importando qual a sua massa. Se esta equivalência não fosse verdadeira, então, sob a influência da gravidade, alguns objetos cairiam mais rapidamente que outros, o que implicaria que você poderia distinguir entre atração da gravidade e aceleração uniforme, em que tudo realmente cai com a mesma taxa. O uso que Einstein fez da equivalência entre massa inercial e massa gravitacional para derivar seu princípio da equivalência — e, em última instância, toda a relatividade geral — equivale a uma marcha incansável do raciocínio lógico que não tem paralelo na história do pensamento humano.

Agora que conhecemos o princípio da equivalência, podemos começar a acompanhar a lógica de Einstein, realizando mais um experimento mental que mostra por que o tempo deve ser afetado pela gravidade. Imagine um foguete no espaço sideral. Por comodidade, imagine que o foguete seja tão longo que a luz leva um segundo para atravessá-lo do topo até a base. Finalmente, suponha que exista um observador no teto do foguete e outro no chão, cada um com relógios idênticos que tiquetaqueiam uma vez a cada segundo.

Suponhamos que o observador do teto espere o tique-taque do relógio para então, imediatamente, enviar um sinal de luz para baixo, para o observador do chão. O observador do teto faz isto de novo na vez seguinte em que o relógio fizer um tique-taque. De acordo com esta montagem, cada sinal viaja por um segundo e, então, é recebido pelo observador do chão. Assim, exatamente quando o observador do teto enviar dois sinais de luz com um intervalo de um segundo entre eles, o observador do chão receberá dois, com um intervalo de um segundo.

Em que esta situação diferiria se o foguete estivesse em repouso na Terra, sob a influência da gravidade, em vez de estar flutuando livremente no espaço? De acordo com a teoria de Newton, a gravidade não tem nenhum efeito sobre esta situação. Se o observador no teto enviar sinais com um intervalo de um segundo, o observador os receberá com um intervalo de um segundo. Mas o princípio da equivalência não faz a mesma previsão. Podemos ver o que acontece, o que o princípio nos informa, ao considerarmos o efeito da aceleração uniforme em lugar do efeito da gravidade. Este é um exemplo da maneira pela qual Einstein usou o princípio da equivalência para criar sua nova teoria da gravidade.

Suponhamos agora, então, que o foguete esteja em aceleração. (Imaginaremos que esteja se acelerando lentamente para não nos aproximarmos da velocidade da luz!) Já que o foguete está se movendo para cima, o primeiro sinal terá uma menor distância a percorrer do que antes e, portanto, chegará antes de se passar um segundo. Se o foguete estivesse se movendo a uma velocidade constante, o segundo sinal chegaria antes exatamente com a mesma antecedência; portanto, o tempo entre os dois sinais continuaria sendo de um segundo. Mas, devido à aceleração, quando o segundo sinal for enviado, o foguete estará se movendo ainda mais rápido do que quando foi enviado o primeiro sinal e, portanto, o segundo sinal terá uma distância ainda menor a percorrer que o primeiro e chegará num tempo ainda menor. O observador no chão medirá, portanto, menos de um segundo entre os sinais, discordando do observador do teto, que afirma que os enviou com um intervalo de exatamente um segundo.

Isto provavelmente não é assombroso no caso do foguete em aceleração — afinal, acabamos de explicá-lo! Mas, lembre-se, o princípio da equivalência diz que isto também se aplica a um foguete em repouso num campo gravitacional. Isto implica que, mesmo que o foguete não esteja em aceleração, mas, digamos, esteja parado numa plataforma de lançamento na superfície da Terra, se o observador do teto enviar os sinais em direção ao chão em intervalos de um a cada segundo (de acordo com o relógio dele), o observador do chão receberá os sinais em intervalos mais curtos (de acordo com o relógio dele). Isto *é* assombroso!

Você ainda poderia perguntar se isto significa que a gravidade altera o tempo ou se apenas estraga os relógios. Suponhamos que o observador do chão suba até o teto, onde ele e o parceiro comparam seus relógios. São relógios idênticos e, realmente, os dois observadores descobrem que, agora, eles estão de acordo em relação à duração de um segundo. Não há nada de errado com o relógio do observador do chão: mede o fluxo local do tempo, onde quer que por acaso esteja. Logo, assim como a relatividade especial nos informa que o tempo transcorre diferentemente para os observadores em movimento relativo, a relatividade geral nos informa que o tempo transcorre diferentemente para observadores a diferentes alturas num campo gravitacional. De acordo com a relatividade geral, o observador do chão mediu menos de um segundo entre os sinais porque o tempo se move mais lentamente mais perto da superfície da Terra. Quanto mais forte o campo, maior este efeito. As leis do movimento de Newton colocam um ponto final na idéia de posição absoluta no espaço. Vimos, agora, como a teoria da relatividade se livra do tempo absoluto.

Esta predição foi testada em 1962, utilizando um par de relógios muito precisos montados no topo e no chão de uma torre de água. Foi constatado que o relógio no chão, que estava mais próximo da Terra, corria mais lentamente, em concordância exata com a relatividade geral. O efeito é pequeno — um relógio na superfície do Sol ganharia apenas cerca de um minuto por ano em comparação com outro na superfície da Terra. Contudo, com o advento dos sistemas de navegação de grande precisão, à base de sinais vindos dos satélites, a diferença na velocidade dos relógios a diferentes alturas acima da Terra é atualmente de considerável importância prática. Se você ignorar as previsões da relatividade geral, a posição que você calculou estaria errada em muitos quilômetros!

Nossos relógios biológicos são igualmente afetados por essas mudanças no fluxo do tempo. Consideremos um par de gêmeos. Suponhamos que um dos gêmeos vá viver no topo de uma montanha, enquanto o outro permanece no nível do mar. O primeiro gêmeo envelheceria mais rápido que o segundo. Logo, se eles voltassem a se encontrar, um seria mais velho que o outro. Neste caso, a diferença nas idades seria bem pequena, mas seria muito maior se um dos gêmeos partisse para uma longa viagem numa espaçonave na qual ele acelerasse até uma velocidade próxima à da luz. Quando retornasse, ele seria muito mais jovem que aquele que permaneceu na Terra. Isto é conhecido como o paradoxo dos gêmeos, mas só é um paradoxo se você tem a idéia de tempo absoluto na cabeça. Na teoria da relatividade, não existe um único tempo absoluto; em vez disso, cada indivíduo tem sua própria medida pessoal do tempo, que depende do lugar onde ele se encontra e como está se movendo.

Antes de 1915, pensava-se em espaço e tempo como uma arena fixa na qual os eventos ocorrem, mas que não era afetada por aquilo que acontece dentro dela. Isto era verdadeiro mesmo para a teoria especial da relatividade.

Os corpos moviam-se, as forças atraíam e repeliam, mas o tempo e o espaço simplesmente continuavam inalterados Era natural pensar que espaço e tempo continuavam para sempre. A situação, contudo, é bem diferente na teoria da relatividade geral. Espaço e tempo agora são quantidades dinâmicas: quando um corpo se move ou uma força age, isto afeta a curvatura de espaço e tempo — e, por sua vez, a estrutura do espaço-tempo afeta o modo pelo qual os corpos se movem e as forças agem. Espaço e tempo não apenas afetam, mas também são afetados por tudo o que acontece no universo. Assim como não podemos falar sobre eventos no universo sem as noções de espaço e tempo, também na relatividade geral torna-se sem sentido falar sobre espaço e tempo fora dos limites do universo. Nas décadas posteriores a 1915, esta nova compreensão de espaço e tempo iria revolucionar nossa visão do universo. Como veremos, a velha idéia de um universo essencialmente inalterado que poderia ter existido desde sempre, e que poderia continuar a existir para sempre, foi substituída pela noção de um universo dinâmico, em expansão, que parecia ter começado há um tempo finito e que poderia terminar num tempo finito no futuro.

Capítulo 7

O universo em expansão

SE VOCÊ OLHAR PARA O CÉU numa noite limpa e sem Lua, os objetos mais brilhantes que você verá serão provavelmente os planetas Vênus, Marte, Júpiter e Saturno. Haverá tambem um número bem grande de estrelas, que são exatamente como o nosso Sol, mas muito mais distantes de nós. Algumas dessas estrelas fixas parecem, de fato, mudar ligeiramente suas posições uma em relação à outra à medida que a Terra gira ao redor do Sol. Elas não estão realmente fixas! Isto acontece porque estão comparativamente perto de nós. À medida que Terra gira ao redor do Sol, vemos as estrelas mais próximas de posições diferentes contra o pano de fundo das estrelas mais distantes. O efeito é igual àquele visto quando você está dirigindo por uma estrada aberta e as posições relativas das árvores próximas parecem mudar contra o pano de fundo do que quer que esteja no horizonte. Quanto mais próximas as árvores, mais elas parecem se mover. Esta alteração na posição relativa é chamada paralaxe (veja a ilustração na página 61). No caso das estrelas, é uma sorte, porque nos permite medir diretamente a que distância essas estrelas estão de nós.

Como mencionamos no Capítulo 1, a estrela mais próxima, a Próxima do Centauro, está a uma distância de cerca de quatro anos-luz, ou 37 milhões de milhões de quilômetros. A maioria das outras estrelas que são visíveis a olho nu está situada a poucas centenas de anos-luz de nós. Nosso Sol, em comparação, está a uma distância de meros oito minutos-luz! As estrelas visíveis parecem espalhadas por todo o céu noturno, mas estão particularmente concentradas numa única faixa, que chamamos de Via Láctea. Já em 1750, alguns astrônomos estavam sugerindo que a aparência da Via Láctea poderia ser explicada se a maioria das estrelas visíveis se situasse numa simples configuração tipo disco, um exemplo daquilo que hoje chamamos de galáxia em espiral. Apenas poucas décadas depois, o astrônomo *sir* William Herschel confirmou esta idéia com uma trabalhosa catalogação das posições e distâncias de vastos números de estrelas. Mesmo assim, esta idéia ganhou aceitação total somente no início do século XX. Sabemos agora que a Via Láctea — nossa galáxia — mede cerca de cem mil anos-luz de um lado a outro e se encontra em lenta rotação; as estrelas nos seus braços espirais giram em órbita ao redor de seu centro cerca de uma vez a cada várias centenas de milhões de anos. Nosso Sol é apenas uma estrela amarela comum de tamanho médio, situada perto da borda interna de um dos braços espirais. Sem dúvida alguma percorremos um longo caminho desde Aristóteles e Ptolomeu, quando achávamos que a Terra era o centro do universo!

Nossa representação moderna do universo data de apenas 1924, quando o astrônomo norte-americano Edwin Hubble demonstrou que a Via Láctea não era a única galáxia. Ele descobriu, de fato, muitas outras, com vastas extensões de espaço vazio entre elas. Para provar isto, Hubble precisou determinar as distâncias da Terra até as outras galáxias. Mas essas galáxias estavam tão distantes que, ao contrário das estrelas próximas, suas posições realmente pareciam fixas. Já que não poderia utilizar a paralaxe nessas galáxias, Hubble foi forçado a usar métodos indiretos para medir suas distâncias. Uma medida óbvia da distância de uma estrela é seu brilho. Mas o brilho aparente de uma estrela depende não apenas de sua distância, mas também do quanto de luz ela irradia (sua luminosidade). Uma estrela fraca, se suficientemente próxima, brilhará mais que a mais brilhante estrela em qualquer galáxia distante. Portanto, para usar o brilho aparente como uma medida de sua distância, precisamos conhecer a luminosidade de uma estrela.

A luminosidade das estrelas próximas pode ser calculada a partir de seu brilho aparente porque sua paralaxe nos permite conhecer sua distância. Hubble notou que essas estrelas próximas poderiam ser classificadas em certos tipos pela espécie de luz que emitem. O mesmo tipo de estrelas sempre teve a mesma luminosidade. Ele então argumentou que, se encontrássemos esses tipos de estrelas numa galáxia distante, poderíamos supor que elas tinham a mesma luminosidade que as estrelas próximas semelhantes. Com essa informação, poderíamos calcular a distância até essa galáxia. Se pudéssemos fazê-lo para várias estrelas da mesma galáxia e nossos cálculos sempre fornecessem a mesma distância, então poderíamos confiar em nossa estimativa. Desta maneira, Hubble calculou as distâncias até nove galáxias diferentes.

Paralaxe
Não importa se você está se movendo por uma estrada ou através do espaço, a posição relativa dos objetos mais próximos e mais distantes se altera à medida que você avança. Uma medida dessa alteração pode ser usada para determinar a distância relativa dos objetos.

Espectro estelar
Pela análise das cores componentes da luz estelar, é possível determinar tanto a temperatura de uma estrela quanto a composição de sua atmosfera.

Hoje sabemos que as estrelas visíveis a olho nu perfazem apenas uma diminuta fração de todas as estrelas. Vemos cerca de cinco mil estrelas, somente cerca de 0,0001% de todas as estrelas apenas da nossa galáxia, a Via Láctea. A própria Via Láctea não é senão uma entre mais de cem bilhões de galáxias que podem ser vistas com os telescópios modernos — e cada galáxia contém, em média, uns cem bilhões de estrelas. Se uma estrela fosse um grão de sal, seria possível colocar todas as estrelas visíveis a olho nu em uma colher de chá, mas todas as estrelas no universo encheriam uma bola de mais doze quilômetros de largura.

As estrelas estão tão distantes que, para nós, parecem apenas pontinhos de luz. Não vemos seu tamanho nem formato. Mas, como percebeu Hubble, existem muitos tipos diferentes de estrelas, e podemos diferenciá-las pela cor de sua luz. Newton descobriu que, se a luz do Sol atravessar um pedaço triangular de vidro chamado prisma, ela se decomporá nas suas cores componentes, como num arco-íris. As intensidades relativas das várias cores emitidas por uma dada fonte de luz são denominadas seu espectro. Focalizando um telescópio numa estrela ou galáxia específica, é possível observar o espectro da luz vindo dessa estrela ou galáxia.

Uma das informações fornecidas por esta luz é a temperatura. Em 1860, o físico alemão Gustav Kirchhoff se deu conta de que qualquer corpo material, como uma estrela, emitirá luz ou outra radiação ao ser aquecido, exatamente como o carvão incandesce ao ser aquecido. A luz que tais objetos incandescentes emitem se deve ao movimento térmico dos átomos em seu interior. É chamada radiação de corpo negro (ainda que os objetos incandescentes não sejam negros). O espectro da radiação de corpo negro é difícil de ser confundido: tem uma forma bem definida que varia com a temperatura do corpo. A luz emitida por um objeto incandescente é, portanto, como a leitura de um termômetro. O espectro que observamos de diferentes estrelas tem sempre exatamente esta forma: é um cartão postal do estado térmico dessa estrela.

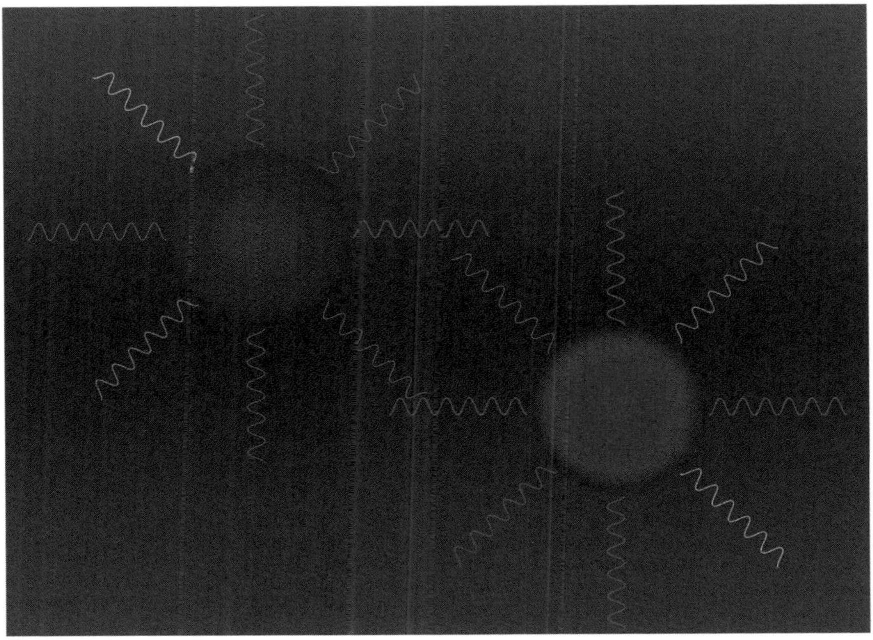

Espectro de corpo negro
Todos os objetos — não apenas as estrelas — emitem uma radiação resultante do movimento térmico dos constituintes microscópicos dos objetos. A distribuição de freqüências nesta radiação é característica da temperatura do objeto.

Se examinarmos mais detalhadamente, a luz estelar nos fornece ainda mais informações. Descobrimos que determinadas cores bem específicas estão ausentes, e estas cores ausentes podem variar de uma estrela para outra. Já que sabemos que cada elemento químico absorve um conjunto característico de cores bem específicas, se fizermos uma correspondência destas cores com aquelas que estão ausentes no espectro de uma estrela, poderemos determinar com exatidão quais elementos estão presentes na atmosfera daquela estrela.

Nos anos 1920, quando os astrônomos começaram a examinar os espectros das estrelas de outras galáxias, eles descobriram algo extremamente peculiar: os padrões característicos de cores ausentes eram iguais aos das estrelas de nossa própria galáxia, exceto que estavam todos desviados em direção à extremidade vermelha do espectro pelo mesmo valor relativo.

Para os físicos, o desvio de cor ou de freqüência é conhecido como o efeito Doppler. Todos nós estamos familiarizados com isso no reino do som. Ouça um carro que passa na estrada: à medida que se aproxima, seu motor — ou sua buzina — tem um som mais agudo e, depois que passa e está se afastando, tem um som mais grave. O som do motor ou da buzina é uma onda, uma sucessão de cristas e vales. Quando um carro está correndo em nossa direção, estará progressivamente mais próximo de nós à medida que emite cada crista de onda sucessiva e, portanto, a distância entre as cristas de onda — o comprimento de onda do som — será menor do que se o carro estivesse estacionário. Quanto menor o comprimento de onda, mais dessas flutuações chegarão ao nosso ouvido a cada segundo e mais agudo será o som, ou maior a sua freqüência. Reciprocamente, se o carro estiver se afastando de nós, o comprimento de onda será maior e as ondas atingirão nosso ouvido com uma menor freqüência. Quando mais rápido o carro estiver se movendo, maior o efeito e, portanto, podemos usar o efeito Doppler para medir a velocidade. O comportamento da luz ou das ondas de rádio é semelhante. De fato, a polícia faz uso do efeito Doppler para medir a velocidade dos carros, através da medição do comprimento de onda dos pulsos de ondas de rádio refletidas por eles.

Como observamos no Capítulo 5, o comprimento de onda da luz visível é extremamente pequeno, variando de quarenta a oitenta milionésimos de centímetro. Os diferentes comprimentos de onda da luz são aquilo que o olho humano vê como cores diferentes, com os comprimentos de onda mais

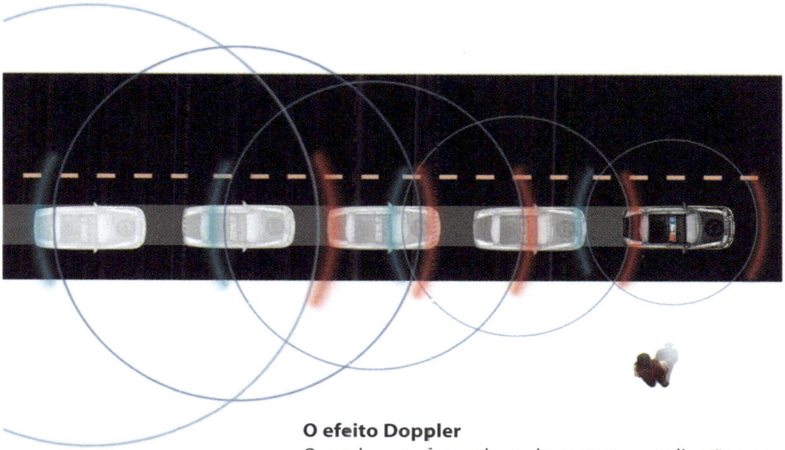

O efeito Doppler
Quando uma fonte de onda se move em direção a um observador, suas ondas parecem ter um comprimento de onda menor. Se ela estiver se afastando, as ondas parecerão ter um comprimento de onda maior. Isto se chama efeito Doppler.

longos aparecendo na extremidade vermelha do espectro e os comprimentos de onda mais curtos, na extremidade azul. Imagine agora uma fonte de luz a uma distância constante de nós, como uma estrela, emitindo ondas de luz a um comprimento de onda constante. O comprimento de onda das ondas que recebemos será igual ao comprimento de onda em que são emitidos. Suponhamos, então, que a fonte comece a se afastar de nós. Como no caso do som, isto significa que a luz terá seu comprimento de onda alongado e, portanto, seu espectro será desviado para a extremidade vermelha do espectro.

Nos anos seguintes à sua demonstração da existência de outras galáxias, Hubble passou seu tempo catalogando as distâncias delas e observado seus espectros. Naquela época, a maioria das pessoas acreditava que as galáxias estivessem se movendo bem aleatoriamente e, portanto, Hubble esperava encontrar números semelhantes de espectros desviados para o azul e desviados para o vermelho. Portanto, foi bem surpreendente constatar que a maioria das galáxias apresentava um desvio para o vermelho: quase todas estavam se afastando de nós! Mais surpreendente ainda foi a descoberta que Hubble publicou em 1929: mesmo o grau de desvio para o vermelho de uma galáxia não é aleatório, mas diretamente proporcional à distância entre a galáxia e nós. Em outras palavras, quanto mais distante estiver a galáxia, mais rapidamente estará se afastando! E isso significava que o universo poderia não ser estático nem de tamanho invariável, como todo mundo pensava anteriormente. Está, de fato, em expansão; a distância entre as diferentes galáxias está aumentando o tempo todo.

A descoberta de que o universo está se expandindo foi uma das grandes revoluções intelectuais do século XX. *A posteriori*, é fácil imaginar por que ninguém pensou nisso antes. Newton e outros deveriam ter percebido que um universo estático seria instável, pois não existiria força alguma comparável de repulsão para equilibrar a atração gravitacional que todas as estrelas e galáxias exercem umas sobre as outras. Portanto, mesmo que, em algum momento, o universo tenha sido estático, não teria permanecido estático porque a atração gravitacional mútua de todas as estrelas e galáxias logo teria dado início à sua contração. De fato, mesmo que o universo estivesse se expandindo bem lentamente, a força da gravidade acabaria fazendo com que ele parasse de se expandir e começasse a se contrair. Entretanto, se o universo estivesse se expandindo mais rapidamente do que a uma certa taxa crítica, a gravidade jamais seria forte o bastante para pará-lo e o universo continuaria a se expandir para sempre. Isto é um pouco parecido com o que acontece quando você dispara um foguete para cima, partindo da superfície da Terra. Se o foguete tiver uma velocidade relativamente baixa, a gravidade acabará por pará-lo e ele começará a cair de volta. Por outro lado, se o foguete tiver mais que uma determinada velocidade crítica (de cerca de 11 quilômetros por segundo), a gravidade não será suficientemente forte para puxá-lo de volta e, portanto, ele continuará a se afastar da Terra para sempre.

Este comportamento do universo poderia ter sido previsto a partir da teoria da gravidade de Newton em qualquer momento do século XIX, XVIII ou mesmo de fins do século XVII. Mas a crença num universo estático era tão forte que persistiu até o início do século XX. Mesmo Einstein, ao formular a teoria da relatividade geral, em 1915, tinha tanta certeza de que o universo tinha de ser estático que modificou sua teoria para tornar isto possível, com a introdução de um fator ajustável, denominado constante cosmológica, nas suas equações. A constante cosmológica teve o efeito de uma nova força "antigravidade", que, ao contrário das outras forças, não se originava de nenhuma fonte particular, mas estava embutida no próprio tecido do espaço-tempo. Como conseqüência desta nova força, o espaço-tempo tinha uma tendência inerente de se expandir. Ajustando a constante cosmológica, Einstein pôde ajustar a intensidade desta tendência. Ele achou que poderia ajustá-la para equilibrar com exatidão a atração mútua de toda a matéria no universo, de maneira que o resultado fosse um universo estático. Mais tarde, ele repudiou a constante cosmológica, chamando este fator ajustável de seu "maior erro". Como logo veremos, hoje temos razão para acreditar que, afinal, ele poderia estar certo ao introduzi-la. Mas o que deve ter decepcionado Einstein foi ele ter permitido que sua crença num universo estático anulasse o que sua teoria parecia estar prevendo: que o universo está se expandindo. Somente um homem, ao que parece, se mostrou disposto a aceitar esta previsão da relatividade geral exatamente como ela era. Enquanto Einstein e outros físicos estavam procurando maneiras de evitar o universo não-estático da relatividade geral, o físico e matemático russo Alexander Friedmann se dispôs, pelo contrário, a explicá-lo.

Friedmann partiu de duas premissas bem simples sobre o universo: que o universo parece idêntico qualquer que seja a direção para a qual olhemos e que isto também seria verdadeiro se estivéssemos observando o universo de qualquer outro lugar. Partindo apenas destas duas idéias, Friedmann mostrou, revolvendo as equações da relatividade geral, que não deveríamos esperar que o universo fosse estático. De fato, em 1922, vários anos antes da descoberta de Edwin Hubble, Friedmann previu exatamente aquilo que Hubble descobriu posteriormente!

Na verdade, a premissa de que o universo parece o mesmo em todas as direções não é, sem dúvida, exatamente verdadeira. Por exemplo, como mencionamos, as outras estrelas na nossa galáxia formam uma faixa nítida de luz que cruza o céu noturno, denominada a Via Láctea. Mas se olharmos para as galáxias distantes, parece haver mais ou menos o mesmo número delas em qualquer direção. Portanto, o universo realmente parece ser aproximadamente igual em todas as direções, desde que o vejamos numa grande escala em comparação com a distância entre as galáxias e ignoremos as diferenças em pequenas escalas. Imagine estar de pé numa floresta na qual as árvores estejam crescendo em lugares aleatórios. Ao olhar numa das direções, você vê que a árvore mais próxima está a uma distância de um metro. Em outra direção, a árvore mais próxima poderia estar a uma distância de três metros. Numa terceira direção, você poderia ver um grupo de árvores a dois metros. Não parece que a floresta tenha a mesma aparência em todas as direções, mas, se você levasse em conta todas as árvores num raio de um quilômetro e meio, estes tipos de diferenças se cancelariam e você acharia que a floresta é igual qualquer que seja a direção para a qual você olhe.

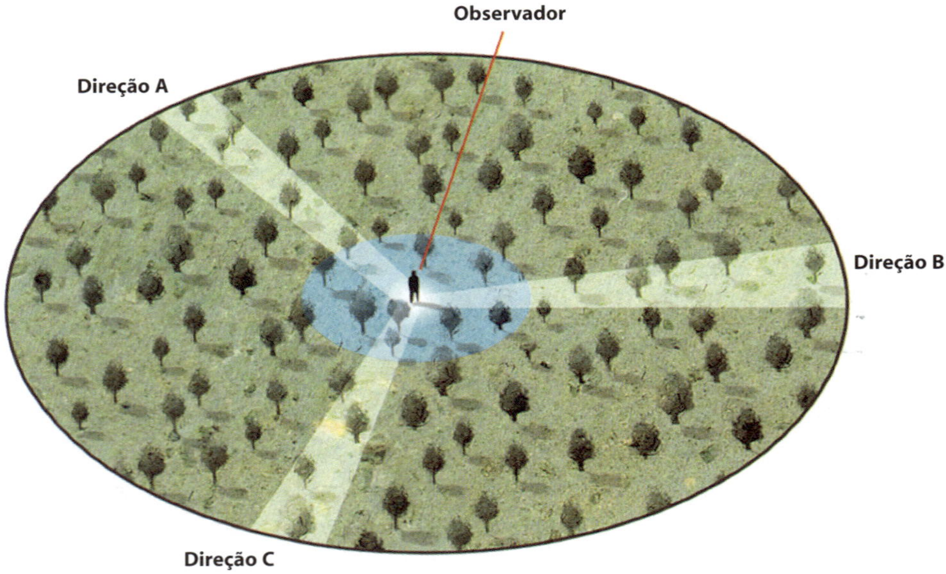

Floresta isotrópica
Mesmo que as árvores de uma floresta estejam uniformemente distribuídas, as árvores próximas parecem agrupadas. Da mesma forma, embora o universo não pareça uniforme em nossa vizinhança, nossa visão em grandes escalas parece idêntica qualquer que seja a direção para a qual olhemos.

Durante muito tempo, a distribuição uniforme das estrelas foi uma justificativa suficiente para a premissa de Friedmann — como uma aproximação grosseira do universo real. Porém, mais recentemente, um feliz acidente revelou um outro aspecto em que a premissa de Friedmann é, de fato, uma descrição incrivelmente precisa do nosso universo. Em 1965, dois físicos norte-americanos da Bell Telephone Laboratories em New Jersey, Arno Penzias e Robert Wilson, estavam testando um detector muito sensível de microondas. (Lembremos que as microondas são exatamente como as ondas luminosas, mas com um comprimento de onda em torno de um centímetro.) Penzias e

Wilson ficaram preocupados quando descobriram que seu detector estava captando mais ruído do que deveria. Eles encontraram excrementos de pássaros em seu detector e verificaram se estavam ocorrendo outras possíveis disfunções, mas estas foram logo descartadas. O ruído era peculiar, no sentido de que permanecia o mesmo, dia e noite, e durante todo o ano, mesmo estando a Terra em rotação em seu eixo e orbitando ao redor do Sol. Já que a rotação e o movimento orbital da Terra apontavam o detector para diferentes direções no espaço, Penzias e Wilson concluíram que o ruído estava vindo de além do Sistema Solar e, até mesmo, de além da galáxia. Parecia estar vindo igualmente de todas as direções no espaço. Sabemos atualmente que, qualquer que seja a direção que olhemos, este ruído nunca varia em mais que uma diminuta fração; portanto, Penzias e Wilson tinham inadvertidamente tropeçado com um surpreendente exemplo da primeira premissa de Friedmann de que o universo é igual em todas as direções.

Qual a origem deste ruído cósmico de fundo? Quase ao mesmo tempo em que Penzias e Wilson estavam investigando o ruído em seu detector, dois físicos norte-americanos na vizinha Universidade de Princeton, Bob Dicke e Jim Peebles, estavam se interessando por microondas. Eles estavam trabalhando numa sugestão, feita por George Gamow (que tinha sido aluno de Alexander Friedmann), de que o universo primitivo deveria ter sido muito quente e denso, irradiando em profusão. Dicke e Peebles argumentaram que ainda deveríamos poder ver a incandescência do universo primitivo, porque a luz de partes muito distantes dele só agora estaria nos alcançando. Entretanto, a expansão do universo significava que esta luz deveria estar tão imensamente desviada para o vermelho que, para nós, pareceria uma radiação de microondas, e não de luz visível. Dicke e Peebles estavam se preparando para procurar por esta radiação quando Penzias e Wilson ouviram falar sobre o trabalho deles e se deram conta de que já a tinham descoberto. Por este trabalho, Penzias e Wilson ganharam o Prêmio Nobel em 1978 (o que parece um pouco cruel com Dicke e Peebles, para não mencionar Gamow).

À primeira vista, todas estas evidências de que o universo parece o mesmo qualquer que seja a direção para a qual olhemos pareceria sugerir que nosso lugar no universo tem algo de distintivo. Em particular, poderia dar a impressão de que, se observarmos que todas as outras galáxias estão se afastando de nós, então devemos estar no centro do universo. Existe, contudo, uma explicação alternativa: o universo poderia parecer o mesmo em todas as direções quando visto de qualquer outra galáxia também. Isto, como já vimos, era a segunda premissa de Friedmann.

Não temos evidência científica alguma a favor ou contra essa segunda premissa. Séculos atrás, a Igreja teria considerado a premissa uma heresia, já que a doutrina da Igreja declarava que realmente ocupamos um lugar especial no centro do universo. Hoje, porém, acreditamos na premissa de Friedmann por uma razão quase que oposta, uma espécie de modéstia: temos a impressão de que seria muito estranho se o universo parecesse o mesmo em todas as direções ao nosso redor, mas não ao redor de outros pontos no universo!

No modelo de universo de Friedmann, todas as galáxias estão se afastando diretamente umas das outras. A situação é bem parecida com a de um balão com vários pontos pintados na superfície e que estivesse sendo continuamente inflado. À medida que o balão se expande, aumenta a distância entre dois pontos quaisquer, mas não existe nenhum ponto que possa ser considerado o centro da expansão. Além do mais, como o raio do balão aumenta continuamente, quanto mais distantes entre si estão os pontos no balão, mais rapidamente estarão se distanciando. Por exemplo, suponhamos que o raio do balão dobre em um segundo. Dois pontos que tinham uma distância de um centímetro entre eles agora estarão a uma distância de dois centímetros (conforme medida ao longo da superfície do balão) e, portanto, sua velocidade relativa é de um centímetro por segundo. Por outro lado, um par de pontos que estavam separados por dez centímetros agora estarão separados por vinte e, portanto, sua velocidade relativa será de dez centímetros por segundo. Da mesma maneira, no modelo de Friedmann, a velocidade com que duas galáxias quaisquer estão se distanciando é proporcional à distância entre elas e, portanto, ele previu que o desvio para o vermelho de uma galáxia deveria ser diretamente proporcional à sua distância de nós, exatamente como constatou Hubble. Apesar do sucesso do modelo e da previsão que fez das observações de Hubble, o trabalho de Friedmann permaneceu basicamente desconhecido no Ocidente até que modelos semelhantes fossem descobertos em 1935 pelo físico norte-americano Howard Robertson e pelo matemático britânico Arthur Walker, em resposta à descoberta de Hubble da expansão uniforme do universo.

O universo-balão em expansão
Como resultado da expansão do universo, todas as galáxias estão se afastando diretamente umas das outras. Com o correr do tempo, assim como pontos num balão que está sendo inflado, as galáxias que estão mais distanciadas entre si aumentam mais a sua separação do que as galáxias mais próximas. Logo, para um observador em qualquer dada galáxia, quanto mais distante estiver uma galáxia, mais rapidamente parecerá estar se movendo.

Friedmann obteve um único modelo do universo. Porém, se suas premissas estiverem corretas, existem na verdade três tipos possíveis de soluções para as equações de Einstein, isto é, três tipos diferentes de modelos de Friedmann — e três maneiras diferentes de comportamento do universo.

No primeiro tipo de solução (que Friedmann descobriu), o universo está se expandindo lentamente o suficiente para que a atração gravitacional entre as diferentes galáxias cause a desaceleração da expansão e, finalmente, pare. As galáxias começam então a se aproximar uma da outra e o universo se contrai. No segundo tipo de solução, o universo está se expandindo tão velozmente que a atração gravitacional nunca conseguirá pará-lo, embora o desacelere um pouco. Finalmente, existe um terceiro tipo de solução, no qual o universo está se expandindo com uma rapidez apenas suficiente para evitar o colapso. A velocidade em que as galáxias estão se afastando torna-se cada vez menor, mas nunca realmente atinge o valor zero.

Um traço extraordinário do primeiro tipo de modelo de Friedmann é que, nele, o universo não é infinito em espaço, nem o espaço tem qualquer limite. A gravidade é tão forte que o espaço se curva sobre si mesmo. Isto é bem parecido com a superfície da Terra, que é finita, mas não tem limites. Se você continuar viajando numa dada direção na superfície da Terra, jamais irá se deparar com uma barreira intransponível nem cairá por sobre uma beirada, e acabará retornando ao local onde você começou. Neste modelo, o espaço é exatamente assim, mas com três dimensões, em vez das duas da superfície da Terra. A idéia de que seria possível dar a volta completa no universo e terminar no ponto de partida pode criar uma boa ficção científica, mas não tem muito significado prático, porque é possível demonstrar que o universo iria se colapsar (encolher-se abruptamente) ao tamanho zero antes que você conseguisse terminar a volta completa. Ele é tão grande que você precisaria de uma velocidade maior que a da luz para acabar onde começou antes que o universo chegasse a um fim — e isto não é permitido! O espaço é também curvo no segundo modelo de Friedmann, embora de uma maneira diferente. Somente o terceiro modelo de Friedmann corresponde a um universo cuja geometria em larga escala é plana (embora o espaço ainda seja curvo, ou dobrado, na vizinhança de objetos com massa).

Qual modelo de Friedmann descreve o nosso universo? Irá o universo finalmente parar de se expandir e começar a se contrair ou irá se expandir para sempre?

Acontece que a resposta a esta pergunta é mais complicada do que os cientistas inicialmente imaginaram. A análise mais básica depende de duas coisas: a taxa de expansão atual do universo e sua densidade média atual (a quantidade de matéria num dado volume de espaço). Quanto maior a atual taxa de expansão, maior a força gravitacional necessária para pará-lo e, portanto, maior a densidade de matéria necessária. Se a densidade média for maior que um determinado valor crítico (determinado pela taxa de expansão), a atração gravitacional da matéria no universo conseguirá deter sua expansão e provocar seu colapso — correspondendo ao primeiro modelo de Friedmann. Se a densidade média for menor que o valor crítico, não existirá atração gravitacional suficiente para deter a expansão e o universo se expandirá para sempre — correspondendo ao segundo modelo de Friedmann. E se a densidade média do universo for exatamente o número crítico, então o universo irá desacelerar para sempre a sua expansão, cada vez mais se aproximando de um tamanho estático, mas nunca o atingindo de fato. Isto corresponde ao terceiro modelo de Friedmann.

Então, qual deles é? Podemos determinar a presente taxa de expansão medindo as velocidades nas quais outras galáxias estão se afastando de nós, usando o efeito Doppler. Isto pode ser feito com uma grande precisão. Entretanto, as distâncias até as galáxias não são muito bem conhecidas, porque só podemos medi-las indiretamente. Portanto, tudo que sabemos é que o universo está se expandido entre 5% a 10% a cada bilhão de anos. Nossa incerteza sobre a presente densidade média do universo é ainda maior. Mesmo assim, se somarmos as massas de todas as estrelas que vemos na nossa e nas outras galáxias, o total será menos de um centésimo da quantidade necessária para deter a expansão do universo, mesmo para a menor estimativa da taxa de expansão.

Mas isto não é tudo. Nossa galáxia e outras galáxias também devem conter uma grande quantidade de "matéria escura" que não vemos diretamente, mas que sabemos que deve estar lá por causa da influência de sua atração gravitacional sobre as órbitas das estrelas nas galáxias. Talvez a melhor evidência disto venha das estrelas nos arredores das galáxias espirais, como a nossa Via Láctea. Estas estrelas orbitam suas galáxias a uma velocidade grande demais para serem mantidas na órbita só pela atração gravitacional das estrelas galácticas observadas. Além disto, a maioria das galáxias é encontrada nos aglomerados e podemos igualmente inferir a presença de mais matéria escura ainda por entre as galáxias nesses aglomerados por seu efeito sobre o movimento das galáxias. De fato, a quantidade de matéria escura excede em muito a quantidade da matéria comum no universo. Quando totalizamos toda esta matéria escura, ainda obtemos apenas cerca de um décimo da quantidade de matéria para deter a expansão. Mas poderia também haver outras formas de matéria escura, distribuídas quase uniformemente por todo o universo, que ainda não detectamos e que poderiam elevar ainda mais a densidade do universo. Por exemplo, existe um tipo de partícula elementar denominado neutrino, que interage bem fracamente com a matéria e é extremamente difícil de se detectar (um experimento recente com neutrinos empregou um detector subterrâneo que foi preenchido com cinqüenta mil toneladas de água). Costumava-se pensar que o neutrino não tinha massa e, portanto, não tinha atração gravitacional, mas experimentos nos últimos anos indicam que o neutrino realmente tem uma massa bem pequena que não era anteriormente detectada. Se neutrinos tiverem massa, poderiam ser uma forma de matéria escura. Ainda assim, mesmo admitindo a contribuição do neutrino para a matéria escura, parece existir bem menos matéria no universo do que seria necessário para deter sua expansão e, portanto, até recentemente a maioria dos físicos teria concordado com a idéia de que se aplica o segundo tipo de modelo de Friedmann.

Surgiram então novas observações. Nos últimos anos, várias equipes de pesquisadores vêm estudando diminutas ondulações na radiação de fundo em microondas descoberta por Penzias e Wilson. O tamanho dessas ondulações pode ser utilizado como um indicador da geometria em larga escala do universo e, aparentemente, essas ondulações indicam que o universo é, afinal, plano (como no terceiro modelo de Friedmann)! Já que parece não existir matéria e matéria escura suficientes para dar conta disto, físicos postularam a existência de uma outra substância ainda não detectada para explicá-lo — a energia escura.

Para complicar ainda mais as coisas, outras observações recentes indicam que, na verdade, a taxa de expansão do universo não está desacelerando, mas acelerando. Nenhum dos modelos Friedmann faz isto! E é muito estranho, já que o efeito da matéria no espaço, seja de alta ou de baixa densidade, só pode ser no sentido de desacelerar a expansão. A gravidade é, afinal de contas, atrativa. Estranho porque a expansão cósmica estar em aceleração é algo como a explosão de uma bomba estar ganhando, e não dissipando, energia depois da explosão. Que força poderia ser responsável por estar afastando o cosmo ainda mais rápido? Ninguém tem certeza ainda, mas poderia ser uma evidência de que Einstein, afinal de contas, estava certo sobre a necessidade da constante cosmológica (e seus efeitos antigravitacionais).

Com o rápido crescimento das novas tecnologias e dos novos e grandiosos telescópios em satélites, estamos aprendendo rapidamente novos e surpreendentes fatos sobre o universo. Temos agora uma boa idéia sobre seu comportamento num momento tardio: o universo continuará a se expandir numa taxa sempre crescente. O tempo continuará para sempre, pelo menos para aqueles prudentes o bastante para não caírem num buraco negro. E quanto aos tempos bem primitivos? Como o universo começou e o que o colocou em expansão?

CAPÍTULO 8

O big bang, buracos negros e a evolução do universo

NO PRIMEIRO MODELO DE UNIVERSO de Friedmann, a quarta dimensão, o tempo — assim como o espaço — é finita em extensão. É como uma linha com duas pontas, ou limites. Portanto, o tempo tem um fim e também tem um princípio. De fato, todas as soluções das equações de Einstein, nas quais o universo tem a quantidade de matéria que observamos, têm uma característica muito importante em comum: em algum momento do passado (cerca de 13,7 bilhões de anos atrás), a distância entre galáxias vizinhas tem de ter sido zero. Em outras palavras, o universo inteiro estava espremido num único ponto com tamanho zero, como uma esfera de raio zero.[1] Nesse momento, a densidade do universo e a curvatura do espaço-tempo teriam sido infinitas. É o momento a que chamamos de big bang.

Todas as nossas teorias de cosmologia são formuladas a partir da premissa de que o espaço-tempo é homogêneo e praticamente plano. Isto significa que todas as nossas teorias se desmancham no big bang: dificilmente um espaço-tempo com curvatura infinita poderia ser chamado de praticamente plano! Conseqüentemente, mesmo que tenham existido eventos antes do big bang, não poderíamos usá-los para determinar o que aconteceria a seguir, porque a previsibilidade teria sido estilhaçada no big bang.

Reciprocamente, se conhecêssemos, como é o caso, apenas o que aconteceu desde o big bang, não poderíamos determinar o que aconteceu antes. Naquilo que nos diz respeito, os eventos antes do big bang não podem ter

[1] Embora o big bang ocorra em todos os modelos de Friedmann, a analogia com o universo reduzido a um único ponto só é válida no primeiro modelo de universo de Friedmann (o universo fechado). (N. do R.T.)

quaisquer conseqüências e, portanto, não devem fazer parte de um modelo científico do universo. Deveríamos, portanto, extirpá-los do modelo e dizer que o big bang foi o princípio do tempo. Isto significa que questões como quem armou as condições para o big bang não são questões abordadas pela ciência.

Outro infinito que aparece se o universo tiver tamanho zero está na temperatura. No próprio big bang, acredita-se que o universo fosse infinitamente quente. À medida que o universo se expandiu, a temperatura da radiação diminuiu. Já que temperatura é simplesmente uma medida da energia — ou velocidade — média das partículas, este esfriamento do universo teria um efeito importante sobre a matéria dentro dele. Em temperaturas muito elevadas, as partículas estariam se movendo para todos os lados com tal rapidez que poderiam escapar de qualquer atração recíproca resultante das forças nucleares ou eletromagnéticas, mas, à medida que esfriavam, esperaríamos que partículas que se atraem reciprocamente começassem a se aglutinar. Mesmo os tipos de partículas que existem no universo dependem da temperatura e, portanto, da idade do universo.

Aristóteles não acreditava que a matéria fosse constituída de partículas. Ele acreditava que a matéria era contínua. Isto é, de acordo com ele, um naco de matéria poderia ser dividido em pedaços cada vez menores sem qualquer limite: nunca poderia existir um grão de matéria que não pudesse ser novamente dividido. Alguns gregos, contudo, como Demócrito, defenderam que a matéria era inerentemente granulada e que tudo era formado de grandes números de vários tipos diferentes de átomos. (A palavra *átomo* significa "indivisível" em grego.) Hoje sabemos que isto é verdadeiro — pelo menos em nosso ambiente e no presente estado do universo. Mas os átomos do nosso universo nem sempre existiram, não são indivisíveis e representam apenas uma pequena fração dos tipos de partículas no universo.

Os átomos são constituídos de partículas menores: elétrons, prótons e nêutrons. Os próprios prótons e nêutrons são constituídos de partículas ainda menores chamadas quarks. Além disto, correspondendo a cada uma destas partículas subatômicas, existe uma antipartícula. As antipartículas têm a mesma massa que suas partículas-irmãs, mas são opostas em sua carga e outros atributos. Por exemplo, a antipartícula de um elétron, chamada pósitron, tem uma carga positiva, o oposto da carga do elétron. Poderiam existir antimundos inteiros e antipessoas formados por antipartículas. Entretanto, quando uma antipartícula e uma partícula se encontram, elas se aniquilam mutuamente. Portanto, se você se encontrar com seu anti-eu, não apertem as mãos — vocês dois desapareceriam num grande clarão de luz!

A luz surge na forma de um outro tipo de partícula, uma partícula sem massa denominada fóton. A fornalha nuclear do Sol, em nossa vizinhança, é a maior fonte de fótons para a Terra. O Sol é também uma gigantesca fonte de outro tipo de partícula, o supracitado neutrino (e o antineutrino). Mas estas partículas extremamente leves quase nunca interagem com a matéria e, portanto, nos atravessam sem conseqüências, a uma taxa de bilhões a cada segundo. Dito tudo isso, os físicos descobriram dezenas dessas partículas elementares. Com o passar do tempo, enquanto o universo passava por uma complexa evolução, a constituição deste zoológico de partículas também evoluiu. Foi esta evolução que tornou possível a existência de planetas como a Terra e seres como nós.

Um segundo depois do big bang, o universo teria se expandido o bastante para abaixar sua temperatura para cerca de dez bilhões de graus Celsius. Isto é aproximadamente mil vezes a temperatura no centro do Sol, mas temperaturas desta magnitude são alcançadas nas explosões de bomba H. Nesse momento, o universo conteria principalmente fótons, elétrons e neutrinos, e respectivas antipartículas, juntamente com alguns prótons e nêutrons. Estas partículas teriam tido tanta energia que, quando colidiam, teriam produzido muitos pares diferentes de partícula/antipartícula. Por exemplo, fótons em colisão poderiam produzir um elétron e sua antipartícula, o pósitron. Algumas destas partículas recém-produzidas colidiriam com uma irmã antipartícula e seriam aniquiladas. Sempre que um elétron der de cara com um pósitron, ambos serão aniquilados, mas o processo reverso não é tão fácil assim: para duas partículas sem massa, como os fótons, criarem um par partícula/antipartícula, como um elétron e um pósitron, as partículas sem massa em colisão precisam ter uma determinada energia mínima. Isto acontece porque um elétron e um pósitron têm massa e esta recém-criada massa deve se originar da energia das partículas em colisão. À medida que o universo continuou a se expandir e a temperatura continuou a cair, as colisões com energia suficiente para criar pares elétron/pósitron ocorreriam menos freqüentemente que a taxa em que os pares estavam sendo destruídos pela aniquilação. Ao final, portanto, a maioria dos elétrons e pósitrons teria se aniquilado reciprocamente para produzir mais fótons, deixando sobrar apenas relativamente poucos elétrons. Os neutrinos e antineutrinos, por outro lado, interagem bem fracamente entre si e com outras partículas e, portanto, não se aniquilariam com tanta rapidez. Eles ainda devem estar espalhados por aí, hoje. Se pudéssemos observá-los, seria um bom teste desta representação de um estágio primitivo muito quente do universo, mas, infelizmente, depois de bilhões de anos, suas energias seriam agora baixas demais para que nós as observássemos diretamente (contudo poderíamos conseguir detectá-las indiretamente).

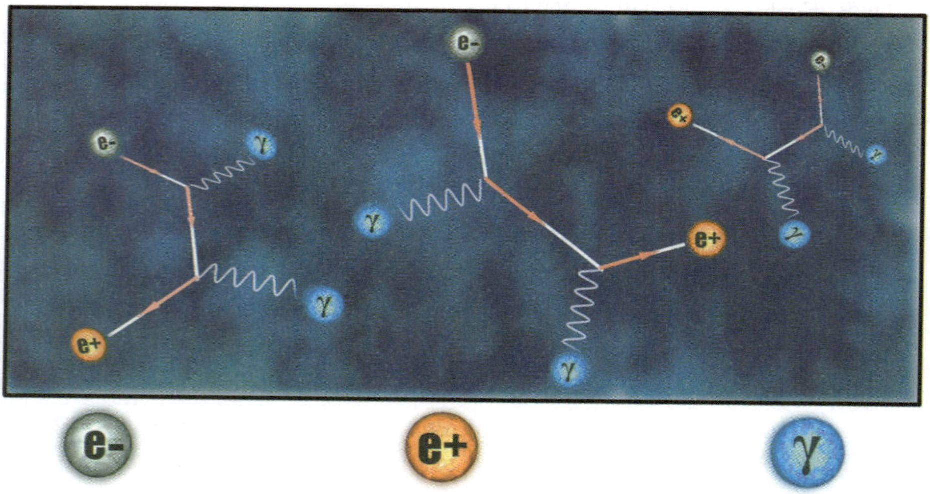

Equilíbrio fóton/elétron/pósitron
No universo primitivo, havia um equilíbrio entre pares de elétrons e pósitrons em colisão para criar os fótons, e o processo reverso. À medida que caía a temperatura do universo, o equilíbrio foi sendo alterado a favor da criação de fótons. Finalmente, a maioria dos elétrons e pósitrons no universo se aniquilou mutuamente, deixando para trás apenas os relativamente poucos elétrons hoje presentes.

Cerca de cem segundos depois do big bang, a temperatura do universo teria caído para um bilhão de graus, a temperatura no interior das estrelas mais quentes. Nesta temperatura, uma força chamada força forte teria desempenhado um papel importante. A força forte, que discutiremos mais detalhadamente no Capítulo 11, é uma força de atração de curto alcance que pode fazer com que os prótons e os nêutrons se liguem uns aos outros, formando núcleos. Em temperaturas suficientemente altas, os prótons e nêutrons têm energia suficiente de movimento (veja o Capítulo 5) para conseguir emergir de suas colisões ainda livres e independentes. Mas, a um bilhão de graus, eles não mais teriam tido energia suficiente para superar a atração da força forte e teriam começado a se combinar para produzir os núcleos dos átomos de deutério (hidrogênio pesado), que contêm um próton e um nêutron. Os núcleos do deutério teriam então se combinado com mais prótons e nêutrons para criar os núcleos de hélio, que contêm dois prótons e dois nêutrons, e também pequenas quantidades de um par de elementos mais pesados, o lítio e o berílio. Pode-se calcular que, no modelo do big bang quente, cerca de um quarto dos prótons e nêutrons teria sido convertido em núcleos de hélio, juntamente com uma pequena quantidade de hidrogênio pesado e outros elementos. Os demais nêutrons teriam decaído para prótons, que são os núcleos dos átomos comuns de hidrogênio.

Esta representação de um estágio primitivo quente do universo foi proposta pela primeira vez pelo cientista George Gamow (veja a página 69) num famoso artigo escrito em 1948 com um orientando seu, Ralph Alpher. Gamow tinha um razoável senso de humor — ele convenceu o cientista nuclear Hans Bethe a colocar seu nome no artigo para criar a lista de autores Alpher, Bethe, Gamow, como as três primeiras letras do alfabeto grego, alfa, beta e gama, e particularmente próprio para um artigo sobre o início do universo! Neste artigo, eles fizeram a notável previsão de que a radiação (na forma de fótons) vinda dos estágios primitivos bem quentes do universo ainda hoje deve estar espalhada por aí, mas com sua temperatura reduzida a apenas poucos graus acima do zero absoluto. (Zero absoluto, -273 graus Celsius, é a temperatura na qual as substâncias não contêm energia térmica alguma, sendo, portanto, a menor temperatura possível.)

Foi esta radiação em microondas que Penzias e Wilson descobriram em 1965. Na época em que Alpher, Bethe e Gamow escreveram seu artigo, não se conhecia muito sobre as reações nucleares dos prótons e nêutrons. As previsões feitas para as proporções dos vários elementos no universo primitivo eram, portanto, relativamente imprecisas, mas esses cálculos foram repetidos à luz de um conhecimento melhor e agora concordam com aquilo que observamos. Além do mais, é muito difícil explicar de qualquer outra maneira por que cerca de um quarto da massa do universo está na forma de hélio.

Mas existem problemas nesta representação. No modelo do big bang quente, não houve tempo suficiente no universo primitivo para que o calor tenha fluído de uma região para outra. Isto significa que o estado inicial do universo teria de ter tido exatamente a mesma temperatura em todos os lugares, para explicar o fato de que o fundo de microondas tenha a mesma temperatura em todas as direções em que olhemos. Além disto, a taxa inicial de expansão teria tido de ser escolhida com grande precisão para que a taxa de expansão ainda fosse tão próxima da taxa crítica necessária para evitar o colapso. Seria muito difícil explicar por que o universo deveria ter começado exatamente desta maneira, exceto como o ato de um Deus que pretendia criar seres como nós. Numa tentativa de encontrar um modelo do universo em que muitas configurações iniciais diferentes poderiam ter evoluído para algo como o presente universo, um cientista do Instituto de Tecnologia de Massachusetts, Alan Guth, sugeriu que o universo primitivo poderia ter passado por um período de expansão bem rápida. Esta expansão é denominada inflacionária, pois, num dado momento, o universo se expandiu a uma taxa crescente. De acordo com Guth, o raio do universo aumentou em um milhão de milhão de milhão de milhão de milhão — 1 com trinta zeros depois dele — de vezes em uma diminuta fração de segundo. Quaisquer irregularidades no universo teriam sido eliminadas por esta expansão, exatamente como as rugas num balão de borracha são alisadas quando você sopra para enchê-lo. Desta maneira, a inflação explica como o presente estado homogêneo e uniforme do universo poderia ter evoluído a partir de muitos estados iniciais diferentes não-uniformes. Portanto, temos uma certeza considerável de termos a representação correta, que remonta a pelo menos cerca de um bilionésimo de trilionésimo de trilionésimo de segundo depois do big bang.

Depois de toda esta agitação inicial, a produção de hélio e de alguns outros elementos, como o lítio, teria parado apenas poucas horas depois do big bang. E, depois disso, no milhão de anos seguinte ou um pouco mais, o universo teria simplesmente continuado a se expandir, sem acontecer muita coisa mais. Finalmente, uma vez que a temperatura tivesse caído para poucos milhares de graus e os elétrons e núcleos não mais tivessem energia de movimento suficiente para superar a atração eletromagnética entre eles, eles teriam começado a se combinar para formar os átomos. O universo como um todo teria continuado a se expandir e se esfriar, mas, nas regiões que fossem ligeiramente mais densas que a média, esta expansão teria sido desacelerada pela atração gravitacional extra.

Esta atração finalmente acabaria por deter a expansão em algumas regiões e faria com que começassem a colapsar (contrair). Enquanto estivessem se contraindo, a atração gravitacional da matéria fora dessas regiões poderia fazer com que começassem a girar ligeiramente. À medida que a região em colapso ficasse menor, ela giraria mais rapidamente — exatamente como os patinadores rodopiando no gelo giram mais rápido quando fecham os braços. Finalmente, quando a região ficasse suficientemente pequena, ela estaria girando rápido o bastante para equilibrar a atração da gravidade — e foi assim que nasceram as galáxias discóides em rotação. Outras regiões, que por algum motivo não tenham pegado uma rotação, iriam se tornar objetos ovais denominados galáxias elípticas. Nestas, a região pararia de se contrair porque partes da galáxia estariam orbitando estavelmente ao redor de seu centro, mas a galáxia não teria uma rotação resultante global.

Com o passar do tempo, o gás hidrogênio e o hélio nas galáxias se dividiriam em nuvens menores que sofreriam colapso sob sua própria gravidade. Enquanto estas se contraíssem e os átomos dentro delas colidissem uns com os outros, a temperatura do gás aumentaria até que, ao final, ficasse quente o bastante para iniciar reações de fusão nuclear. Estas converteriam o hidrogênio em mais hélio. O calor liberado nesta reação, que é como uma explosão controlada da bomba de hidrogênio, é o que faz uma estrela brilhar. Este calor adicional também aumenta a pressão do gás até que seja suficiente para contrabalançar a atração gravitacional, e o gás pára de se contrair. Desta maneira, estas nuvens coalescem, formando estrelas como o nosso Sol, queimando hidrogênio para formar hélio e irradiando a energia resultante na forma de calor e luz. É um pouco parecido com um balão de borracha — há um equilíbrio entre a pressão do ar interior, que está tentando fazer o balão se expandir, e a tensão da borracha, que está tentando tornar o balão menor.

Uma vez que as nuvens de gás quente coalescem e se transformam em estrelas, estas permanecerão estáveis por muito tempo, com o calor das reações nucleares equilibrando a atracão gravitacional. Finalmente, porém, a estrela ficará sem seu hidrogênio e sem outros combustíveis nucleares. Paradoxalmente, quanto mais combustível uma estrela tiver no início, mais rápido ficará sem. Isto acontece porque, quanto mais maciça (no sentido de ter mais massa, não no de ser mais compacta) for uma estrela, mais quente precisará ser para equilibrar sua atração gravitacional. E quanto mais quente a estrela, mais veloz será a reação de fusão nuclear e mais cedo esgotará seu combustível. Nosso Sol provavelmente tem combustível suficiente para durar aproximadamente mais cinco bilhões de anos, mas estrelas mais maciças podem esgotar seu combustível em apenas cem milhões de anos, bem menos que a idade do universo.

Quando uma estrela fica sem combustível, ela começa a esfriar e a gravidade assume o controle, provocando sua contração. Esta contração aperta os átomos, aproximando-os, e faz a estrela tornar-se novamente mais quente. À medida que a estrela ficasse ainda mais quente, começaria a converter hélio em elementos mais pesados, como carbono ou oxigênio. Isto, porém, não liberaria muito mais energia e, portanto, ocorreria uma crise. O que acontece a seguir não foi inteiramente elucidado, mas parece provável que as regiões centrais da estrela se colapsariam a um estado bem denso, como um buraco negro. O termo "buraco negro" é de origem bem recente. Foi cunhado em 1969 pelo cientista norte-americano John Wheeler como uma descrição gráfica de uma idéia que remonta a pelo menos duzentos anos atrás, a uma época em que existiam duas teorias sobre a luz: uma delas, apoiada por Newton, era que seria composta de partículas e a outra, que era formada de ondas. Hoje sabemos que, na verdade, as duas teorias estão corretas. Como veremos no Capítulo 9, pela dualidade onda/partícula da mecânica quântica, a luz pode ser considerada tanto uma onda quanto uma partícula. Os descritores *onda* e *partícula* são conceitos de autoria humana, não necessariamente conceitos que a natureza é obrigada a respeitar, fazendo com que todos os fenômenos caiam numa categoria ou na outra!

Segundo a teoria que diz que a luz é constituída de ondas, não era evidente como ela poderia reagir à gravidade. Mas, se pensarmos na luz como algo composto de partículas, poderíamos esperar que essas partículas fossem afetadas pela gravidade da mesma maneira como as balas de canhão, os foguetes e os planetas o são. Em particular, se você atirasse uma bala de canhão para cima, da superfície da Terra — ou de uma estrela —, assim como o foguete na página 66, ela acabaria parando e então cairia de volta, a menos que a velocidade com que começasse a subir fosse maior que um determinado valor. Esta velocidade mínima é chamada velocidade de escape. A velocidade de escape de uma estrela depende da força de sua atração gravitacional. Quanto mais maciça a estrela, maior sua velocidade de escape. No início, as pessoas achavam que as partículas de luz se deslocavam com uma rapidez infinita e, portanto, a gravidade não teria sido capaz de desacelerá-las, mas a descoberta de Roemer de que a luz viaja a uma velocidade finita significou que a gravidade poderia ter um efeito importante: se a estrela for suficientemente maciça, a velocidade da luz será menor que a velocidade de escape da estrela e toda a luz emitida pela estrela cairá de volta nela. Partindo desta premissa, um professor de Cambridge, John Michell, publicou em 1783 um artigo no periódico *Philosophical Transactions of the Royal Society of London* no qual salientava que uma estrela que fosse suficientemente maciça e compacta teria um campo gravitacional tão forte que a luz não seria capaz de escapar: qualquer luz emitida da superfície da estrela seria tragada de volta pela atração gravitacional da estrela antes que conseguisse se afastar muito. Tais objetos são aquilo que hoje chamamos de buracos negros, porque isto é o que são: vazios negros no espaço.

Balas de canhão acima e abaixo da velocidade de escape
Aquilo que sobe não precisa descer — se for atirado para cima a uma velocidade maior que a de escape.

Uma sugestão semelhante foi feita poucos anos depois por um cientista francês, o marquês de Laplace, ao que tudo indica, independentemente de Michell. Curiosamente, Laplace a incluiu somente na primeira e segunda edições do seu livro *O sistema do mundo*, deixando-a fora das edições posteriores. Talvez ele tenha decidido que era uma idéia maluca — a teoria corpuscular da luz perdeu apoio durante o século XIX porque parecia que tudo poderia ser explicado com a teoria ondulatória. De fato, não é realmente coerente tratar a luz como balas de canhão na teoria da gravidade de Newton porque a velocidade da luz é fixa. Uma bala de canhão atirada da Terra para o alto será desacelerada pela gravidade e acabará parando e caindo de volta; um fóton, contudo, deverá continuar para cima a uma velocidade constante. Uma teoria coerente de como a gravidade afeta a luz só surgiu depois que Einstein propôs a relatividade geral em 1915, e o problema de compreender o que aconteceria a uma estrela maciça, de acordo com a relatividade geral, foi resolvido pela primeira vez por um jovem norte-americano, Robert Oppenheimer, em 1939.

A representação que temos agora do trabalho de Oppenheimer é a seguinte. O campo gravitacional da estrela altera as trajetórias que os raios luminosos que passam no espaço-tempo teriam caso a estrela não estivesse presente. É este o efeito visto na deflexão da luz vinda de estrelas distantes, observado durante um eclipse do Sol. As trajetórias seguidas pela luz no espaço e tempo são ligeiramente defletidas para dentro perto da superfície da estrela. À medida que a estrela se contrai, torna-se mais densa e, portanto, o campo gravitacional em sua superfície fica mais forte. (Você pode pensar no campo gravitacional como algo que emana de um ponto no centro da estrela; à medida que a estrela encolhe, os pontos em sua superfície ficam mais perto do centro e, portanto, sentem um campo mais forte.) O campo mais forte faz as trajetórias da luz perto de uma superfície defletir mais para dentro. Finalmente, quando a estrela tiver encolhido a um determinado raio crítico, o campo gravitacional na superfície se tornará tão forte que as trajetórias luminosas serão defletidas para dentro até o ponto em que a luz não conseguirá mais escapar.

De acordo com a teoria da relatividade, nada pode viajar mais rápido que a luz. Portanto, se a luz não conseguir escapar, nada mais poderá; tudo será tragado de volta pelo campo gravitacional. A estrela colapsada formou ao seu redor uma região de espaço-tempo da qual não é possível escapar para chegar até um observador distante. Esta região é o buraco negro. O contorno externo de um buraco negro é chamado horizonte de eventos. Hoje, graças ao Telescópio Espacial Hubble e a outros telescópios que focalizam em raios X e raios gama, e não em luz visível, sabemos que os buracos negros são fenômenos comuns — muito mais comum do que as pessoas imaginaram no início. Um satélite descobriu 1.500 buracos negros só em uma pequena área do céu. Também descobrimos um buraco negro no centro de nossa galáxia, com uma massa de mais de um milhão de vezes a massa do nosso Sol. Esse buraco negro supermaciço tem uma estrela orbitando ao redor dele a cerca de 2% da velocidade da luz, mais rápido que a velocidade média de um elétron orbitando o núcleo de um átomo!

Para entender o que você veria se estivesse assistindo a uma estrela maciça entrando em colapso para formar um buraco negro, é necessário lembrar que, na teoria da relatividade, não existe tempo absoluto. Em outras palavras, cada observador tem sua própria medida de tempo. A passagem do tempo para alguém na superfície de uma estrela será diferente daquela de alguém a uma distância, porque o campo gravitacional é mais forte na superfície da estrela.

Suponhamos que um intrépido astronauta encontra-se na superfície de uma estrela em colapso e permanece na superfície enquanto ela sofre esse colapso para dentro. Em alguma hora no seu relógio — digamos, 11:00 — a estrela encolheria abaixo do raio crítico em que o campo gravitacional torna-se tão forte que nada consegue escapar. Suponhamos agora que as instruções que ele recebeu são para enviar um sinal a cada segundo, de acordo com seu relógio, para uma espaçonave no alto, em órbita a alguma distância fixa do centro da estrela. Ele começa a transmitir à 10:59:58, isto é, dois segundos antes de 11:00. O que seus companheiros na espaçonave registrarão?

Aprendemos de nosso experimento mental a bordo do foguete que a gravidade desacelera o tempo e que, quanto mais forte a gravidade, maior o efeito. O astronauta na estrela encontra-se num campo gravitacional mais forte que seus companheiros em órbita e, portanto, o que para ele é um segundo será mais de um segundo nos relógios deles. E, enquanto ele cavalga o colapso da estrela para dentro, o campo que ele sente ficará cada vez mais forte e, portanto, o intervalo entre seus sinais aparecerá como sucessivamente maior para aqueles que estão na espaçonave. Este alongamento do tempo seria bem pequeno antes de 10:59:59, de modo que os astronautas em órbita teriam de esperar só um pouquinho mais que um segundo entre o sinal do astronauta às 10:59:58 e aquele que ele enviou quando seu relógio marcava 10:59:59. Mas eles teriam de esperar para sempre pelo sinal das 11:00.

Tudo que acontece na superfície da estrela entre 10:59:59 e 11:00 (pelo relógio do astronauta) seria espalhado durante um período de tempo infinito, conforme visto da espaçonave. À medida que 11:00 se aproximasse, o intervalo de tempo entre a chegada de sucessivas cristas e vales de qualquer luz vinda da estrela ficaria sucessivamente mais longo, assim como o intervalo entre sinais do astronauta. Já que a freqüência da luz é uma medida do número de suas cristas e vales por segundo, a freqüência da luz vinda da estrela ficará sucessivamente mais baixa para aqueles que estão na espaçonave. Portanto, sua luz pareceria cada vez mais vermelha (e cada vez mais fraca). Finalmente, a estrela estaria tão pálida que não poderia mais ser vista da espaçonave: tudo o que sobraria seria um buraco negro no espaço. Ele continuaria, contudo, a exercer a mesma força gravitacional sobre a espaçonave, que continuaria a orbitar.

Este cenário, porém, não é inteiramente realista por causa do seguinte problema: a gravidade ficará mais fraca quanto mais longe você estiver da estrela; portanto, a força gravitacional nos pés de nosso intrépido astronauta seria sempre maior que a força sobre sua cabeça. Esta diferença nas forças o esticaria como um espaguete ou o despedaçaria antes que a estrela tivesse se contraído até o raio crítico no qual o horizonte de eventos se formou! Entretanto, acreditamos que existam objetos muito maiores no universo, tais como as regiões centrais das galáxias, que também podem sofrer um colapso gravitacional para produzir buracos negros, como o buraco negro supermaciço no centro da nossa galáxia. Um astronauta em um desses não seria despedaçado antes da formação do buraco negro. Na verdade, ele não sentiria nada de especial quando atingisse o raio crítico e poderia ultrapassar o ponto sem volta sem percebê-lo — para aqueles do lado de fora, porém, seus sinais se tornariam cada vez mais distanciados e finalmente parariam. E em apenas algumas horas (conforme medido pelo astronauta), à medida que a região continuasse o colapso, a diferença nas forças gravitacionais entre sua cabeça e seus pés se tornaria tão grande que iria, novamente, despedaçá-lo.

Forças de maré
Já que a gravidade enfraquece com a distância, a Terra puxa a cabeça com menos força que puxa os pés, que estão um metro ou dois mais perto do centro da Terra. A diferença é tão minúscula que não a sentimos, mas um astronauta perto da superfície de um buraco negro seria literalmente despedaçado.

Às vezes, quando uma estrela muito maciça sofre colapso, as regiões externas da estrela podem ser infladas numa tremenda explosão chamada de supernova. Uma explosão de supernova é tão gigantesca que pode emitir mais luz que a combinação de todas as outras estrelas em sua galáxia. Um exemplo disto é a supernova cujos restos vemos na forma da Nebulosa do Caranguejo. Os chineses a registraram em 1054. Embora a estrela que explodiu estivesse a uma distância de cinco mil anos-luz, foi visível a olho nu por meses e brilhou com tal fulgor que foi possível vê-la mesmo durante o dia e ler à noite com a sua luz. Uma supernova a uma distância de quinhentos anos-luz — um décimo da distância — seria cem vezes mais brilhante e poderia literalmente transformar a noite em dia. Para entender a violência de tal explosão, basta considerar que sua luz competiria com a do Sol, mesmo estando a dezenas de milhões de vezes mais longe. (Lembremos que o nosso Sol reside na distância vizinha de oito minutos-luz.) Se uma supernova fosse ocorrer suficientemente perto, poderia deixar a Terra intacta, mas ainda assim emitir radiação suficiente para matar todas as coisas vivas. De fato, foi recentemente proposto que uma morte gradual das criaturas marinhas que ocorreu na interface das eras do Plistoceno e Plioceno, cerca de dois milhões de anos atrás, teria sido causada pela radiação de raios cósmicos originada de uma supernova num aglomerado de estrelas das proximidades, denominado associação Escorpião-Centauro. Alguns cientistas acreditam que uma vida avançada provavelmente só evolui nas regiões das galáxias nas quais não existam estrelas demais — "zonas de vida" — porque, nas regiões mais densas, fenômenos como supernovas seriam comuns o bastante para sufocar regularmente quaisquer inícios evolutivos. Em média, centenas de milhares de supernovas explodem a cada dia em algum lugar no universo observável. Uma supernova acontece numa galáxia qualquer cerca de uma vez por século. Mas essa é apenas a média. Infelizmente — pelo menos para os astrônomos —, a última supernova registrada na Via Láctea ocorreu em 1604, antes da invenção do telescópio.

O principal candidato à próxima explosão de supernova em nossa galáxia é uma estrela chamada Rô da Cassiopéia. Felizmente, encontra-se a confortáveis e seguros dez mil anos-luz de nós. Pertence a uma classe de estrelas conhecidas como hipergigantes amarelas, uma das únicas sete hipergigantes amarelas conhecidas na Via Láctea. Uma equipe internacional de astrônomos começou a estudar esta estrela em 1993. Nos anos seguintes, eles a observaram passar por flutuações periódicas de temperatura de algumas poucas centenas de graus. Então, no verão de 2000, sua temperatura subitamente despencou de cerca de 7.000 graus para 4.000 graus Celsius. Durante esse período, também detectaram óxido de titânio na atmosfera da estrela, que eles acreditam fazer parte de uma camada externa arrancada da estrela por uma maciça onda de choque.

Numa supernova, alguns dos elementos mais pesados produzidos perto do fim da vida da estrela são arremessados de volta à galáxia e fornecem parte da matéria-prima para a geração seguinte de estrelas. Nosso próprio Sol contém cerca de 2% desses elementos mais pesados. É uma estrela de segunda ou terceira geração, formada cerca de cinco bilhões de anos atrás a partir de uma nuvem de gás em rotação contendo os escombros de supernovas anteriores. A maior parte do gás nessa nuvem foi formar o Sol ou foi levada para longe, mas pequenas quantidades dos elementos mais pesados se juntaram para formar os corpos que agora orbitam o Sol na forma de planetas como a Terra. O ouro nas nossas jóias e o urânio nos nossos reatores nucleares são vestígios das supernovas que ocorreram antes que nosso Sistema Solar tivesse nascido!

Logo que foi condensada, a Terra era muito quente e não tinha atmosfera. Com o correr do tempo, ela esfriou e adquiriu uma atmosfera da emissão dos gases das rochas. Nesta atmosfera primitiva não poderíamos ter sobrevivido. Não continha oxigênio, mas continha muito dos outros gases que nos são venenosos, como o ácido sulfídrico (o gás que dá aos ovos podres o seu cheiro). Existem, entretanto, outras formas primitivas de vida que conseguem florescer sob tais condições. Acredita-se que elas tenham se desenvolvido nos oceanos, possivelmente em conseqüência de combinações casuais dos átomos, com a conseqüente formação de grandes estruturas denominadas macromoléculas, que eram capazes de juntar outros átomos no oceano para formar estruturas semelhantes. Elas teriam assim se reproduzido e multiplicado. Em alguns casos, haveria erros na reprodução. Basicamente, estes erros teriam sido tais que as novas macromoléculas não poderiam se reproduzir e acabariam sendo destruídas. Entretanto, alguns destes erros teriam produzido novas macromoléculas que eram até melhores em se reproduzirem. Teriam, portanto, uma vantagem e teriam tido uma tendência de substituir as macromoléculas originais. Desta maneira, foi dado início a um processo de evolução que levou ao desenvolvimento de organismos auto-reprodutores, cada vez mais complicados. As primeiras formas primitivas de vida consumiram diversos materiais, entre os quais o ácido sulfídrico, e liberaram oxigênio. Isto alterou gradualmente a atmosfera para a composição que ela tem hoje e permitiu o desenvolvimento de formas superiores de vida como os peixes, répteis, mamíferos e, finalmente, a raça humana.

O século XX viu transformada a visão de mundo do homem: percebemos a insignificância do nosso próprio planeta na vastidão do universo e descobrimos que o tempo e o espaço são curvos e inseparáveis, que o universo estava se expandindo e que teve um começo no tempo.

A representação de um universo que começou muito quente e esfriou à medida que se expandiu baseou-se na teoria da gravidade de Einstein, a relatividade geral. Que ela esteja de acordo com todas as evidências observacionais que temos hoje é um grande triunfo dessa teoria. Ainda assim, já que a matemática não consegue realmente manusear números infinitos, ao predizer que o universo começou com o big bang, um momento em que a densidade do universo e a curvatura do espaço-tempo teriam sido infinitos, a teoria da relatividade geral prediz que existe um ponto no universo no qual a própria teoria se despedaça, ou falha. Esse ponto é um exemplo daquilo que os matemáticos chamam de singularidade. Quando uma teoria prediz singularidades, tais como densidade e curvatura infinitas, isto é um sinal de que a teoria deve ser de alguma forma modificada. A relatividade geral é uma teoria incompleta porque não é capaz de nos informar como o universo principiou.

Além da relatividade geral, o século XX também gerou outra grande teoria parcial da natureza, a mecânica quântica. Esta teoria lida com fenômenos que ocorrem em escalas bem pequenas. Nossa representação do big bang nos informa que deve ter existido um momento no universo primitivo quando o universo era tão pequeno que, mesmo ao estudar sua estrutura em larga escala, não era mais possível ignorar os efeitos em pequena escala da mecânica quântica. Veremos no próximo capítulo que nossa maior esperança de obter uma compreensão total do universo do início ao fim surge da combinação destas duas teorias parciais em uma única teoria quântica da gravidade, uma teoria na qual as leis comuns da ciência são válidas em qualquer lugar, inclusive no início do tempo, sem a necessidade da existência de singularidades.

Capítulo 9

Gravidade quântica

O SUCESSO DAS TEORIAS CIENTÍFICAS, em particular a teoria da gravidade de Newton, levou o marquês de Laplace, no início do século XIX, a argumentar que o universo era inteiramente determinístico. Laplace acreditava que deveria haver um conjunto de leis científicas que nos permitissem — pelo menos em princípio — predizer tudo o que aconteceria no universo. A única informação de que essas leis precisariam seria o estado completo do universo em qualquer dado momento. Isto se chama condição inicial ou uma condição de contorno. (Um contorno pode significar um limite — no espaço ou tempo; uma condição de contorno no espaço é o estado do universo no seu contorno externo — se isto existir.) Com base em um conjunto completo de leis e a devida condição inicial ou de contorno, acreditava Laplace, deveríamos ser capazes de calcular o estado completo do universo em qualquer momento.

Provavelmente, o requisito das condições iniciais é intuitivamente óbvio: diferentes estados de existência no presente obviamente levarão a diferentes estados futuros. A necessidade de condições de contorno no espaço é um pouco mais sutil, mas o princípio é o mesmo. As equações nas quais as teorias físicas se baseiam geralmente podem ter soluções bem diferentes, e você precisa se basear nas condições iniciais ou de contorno para decidir quais as soluções que se aplicam. Isto é mais ou menos como dizer que a sua conta bancária tem grandes quantias entrando e saindo dela. Se você vai acabar falido ou rico depende não apenas das somas pagas que entram e saem, mas também da condição de contorno ou inicial de, para início de conversa, quanto havia na conta.

Se Laplace estivesse certo, dado o estado do universo no presente, estas leis nos informariam o estado do universo tanto no futuro quanto no passado. Por exemplo, dadas as posições e as velocidades do Sol e dos planetas, podemos usar as leis de Newton para calcular o estado do Sistema Solar em qualquer momento posterior ou anterior. O determinismo parece bem óbvio no caso dos planetas — afinal, os astrônomos são muito precisos em suas previsões de eventos, como os eclipses. Mas Laplace deu um passo adiante e pressupôs que existiriam leis semelhantes governando tudo o mais, inclusive o comportamento humano.

Seria realmente possível aos cientistas calcular quais serão todas as nossas ações no futuro? Um copo de água contém mais de 10^{24} moléculas (um 1 seguido de 24 zeros). Na prática, nunca poderemos ter a esperança de conhecer o estado de cada uma destas moléculas, muito menos o estado completo do universo ou, mesmo, dos nossos corpos. Contudo, dizer que o universo é determinístico significa que, mesmo que não tenhamos o poder cerebral de realizar os cálculos, nossos futuros são, ainda assim, predeterminados.

Esta doutrina do determinismo científico enfrentou a forte resistência de muitas pessoas, que sentiam que ela transgredia a liberdade de Deus de fazer o mundo correr do modo como Ele considerava próprio. Mas ela continuou sendo o pressuposto padrão da ciência até os primeiros anos do século XX. Um dos primeiros indícios de que esta crença teria de ser abandonada surgiu quando os cientistas britânicos lorde Rayleigh e *sir* James Jeans calcularam a quantidade de radiação de corpo negro que um objeto quente, como uma estrela, precisa irradiar. (Como mencionado no Capítulo 7, qualquer corpo material, quando aquecido, emitirá radiação parecida com a de corpo negro.)

De acordo com as leis em que acreditávamos na época, um corpo quente deveria emitir ondas eletromagnéticas igualmente em todas as freqüências. Se isto fosse verdadeiro, ele irradiaria uma quantidade igual de energia em todas as cores do espectro da luz visível e para todas as freqüências de microondas, ondas de rádio, raios X e assim por diante. Lembremos que a freqüência de uma onda é o número de vezes por segundo que a onda oscila para cima e para baixo, isto é, o número de ondas por segundo. Matematicamente, um corpo quente emitir ondas igualmente em todas as freqüências significa que um corpo quente deveria irradiar a mesma quantidade de energia em ondas com freqüências entre zero e um milhão de ondas por segundo, como o faz em ondas com freqüências entre um milhão e dois milhões de ondas por segundo, dois milhões e três milhões de ondas por segundo, e assim por diante, continuando para sempre. Digamos que uma unidade de energia seja irradiada em ondas com freqüências entre zero e um milhão de ondas por segundo e em ondas com freqüências entre um milhão e dois milhões de ondas por segundo, e assim por diante. A quantidade total de energia irradiada em todas as freqüências seria então a soma de 1 mais 1 mais 1 mais... continuando eternamente. Já que o número de ondas por segundo numa onda é ilimitado, a soma das energias é uma soma interminável. De acordo com este raciocínio, a energia total irradiada deveria ser infinita.

Para evitar este resultado obviamente ridículo, o cientista alemão Max Planck sugeriu, em 1900, que a luz, os raios X e outras ondas eletromagnéticas poderiam ser emitidos somente em determinados pacotes discretos, que ele chamou de quanta. Hoje, como mencionado no Capítulo 8, damos a um quantum de luz o nome de fóton. Quanto maior a freqüência da luz, maior seu conteúdo energético. Portanto, embora os fótons de qualquer dada cor ou freqüência sejam todos idênticos, a teoria de Planck declara que fótons de diferentes freqüências são diferentes no sentido de carregarem diferentes quantidades de energia. Isto significa que, na teoria quântica, a luz mais fraca de qualquer dada cor — a luz transportada por um único fóton — tem um conteúdo energético que depende de sua cor. Por exemplo, já que a luz violeta tem o dobro da freqüência da luz vermelha, um quantum de luz violeta tem o dobro do conteúdo energético de um quantum de luz vermelha. Conseqüentemente, o menor pedacinho possível de energia da luz violeta tem duas vezes o tamanho do menor pedacinho possível de energia da luz vermelha.

De que maneira isto resolve o problema do corpo negro? A menor quantidade de energia eletromagnética que um corpo negro pode emitir em qualquer dada freqüência é aquela transportada por um fóton daquela freqüência. A energia de um fóton é maior em freqüências maiores. Portanto, a menor quantidade de energia que um corpo negro pode emitir é maior em freqüências maiores. Em freqüências suficientemente altas, a quantidade de energia mesmo em um único quantum será maior que a que um corpo tem disponível e, neste caso, nenhuma luz será emitida, terminando a soma anteriormente interminável. Conseqüentemente, na teoria de Planck, a radiação em altas freqüências seria reduzida e, portanto, a taxa em que o corpo perde energia seria finita, resolvendo o problema do corpo negro.

A luz mais fraca possível
Luz fraca significa menos fótons. A luz mais fraca possível de qualquer cor é a luz transportada por um único fóton.

A hipótese quântica explicou muito bem a taxa observada de emissão de radiação dos corpos quentes, mas suas implicações para o determinismo só foram percebidas em 1926, quando outro cientista alemão, Werner Heisenberg, formulou seu famoso princípio da incerteza.

O princípio da incerteza nos diz que, ao contrário da crença de Laplace, a natureza realmente impõe limites na nossa capacidade de predizer o futuro com o uso de lei científica. Isto porque, para predizer a posição e velocidade futuras de uma partícula, é necessário que se possa medir seu estado inicial — isto é, sua presente posição e velocidade — com exatidão. A maneira óbvia de fazê-lo é iluminar a partícula. Algumas das ondas de luz serão espalhadas pela partícula. Estas podem ser detectadas pelo observador e indicarão a posição da partícula. Entretanto, a luz de um dado comprimento de onda tem apenas uma sensibilidade limitada: não será possível determinar a posição da partícula com maior precisão que a distância entre as cristas de onda da luz. Portanto, para medir a posição da partícula com precisão, é necessário usar uma luz de um comprimento de onda curto, isto é, de uma alta freqüência. Segundo a hipótese quântica de Planck, contudo, não é possível usar uma quantidade arbitrariamente pequena de luz: você precisa usar pelo menos um quantum, cuja energia é maior em freqüências maiores. Logo, quanto maior a precisão com que você quiser medir a posição da partícula, mais energético será o quantum de luz que você precisará atirar contra ela.

De acordo com a teoria quântica, mesmo um quantum de luz perturbará a partícula: alterará sua velocidade de uma maneira que não pode ser prevista. E quanto mais energético for o quantum de luz que você usar, maior será o distúrbio provável. Isto significa que, para medições mais precisas da posição, quando você terá de empregar um quantum mais energético, a velocidade da partícula será perturbada num maior valor. Logo, quanto maior a precisão com que você tentar medir a posição da partícula, menor será a precisão com que conseguirá medir sua velocidade, e vice-versa. Heisenberg mostrou que a incerteza na posição da partícula vezes a incerteza na sua velocidade vezes a massa da partícula nunca poderá ser menor que uma determinada quantidade fixa. Isto significa que se, por exemplo, você reduzir à metade a incerteza na posição, deverá dobrar a incerteza na velocidade, e vice-versa. A natureza nos obriga a fazer este toma-lá-dá-cá.

Até que ponto esse toma-lá-dá-cá é ruim? Isto depende do valor numérico da "determinada quantidade fixa" acima mencionada. Essa quantidade é conhecida como a constante de Planck e é um número muito pequeno. Por ser a constante de Planck muito pequena, os efeitos desse toma-lá-dá-cá, e da teoria quântica em geral, não são diretamente perceptíveis nas nossas vidas diárias, como também não o são os efeitos da relatividade. (Contudo, a teoria quântica realmente afeta nossas vidas — como a base de campos como, digamos, a eletrônica moderna.) Por exemplo, se identificarmos com precisão a posição de uma bola de pingue-pongue com uma massa de um grama num raio de um centímetro em qualquer direção, poderemos estabelecer com exatidão sua velocidade com uma acurácia muito maior do que jamais precisaríamos saber. Mas se medirmos a posição de um elétron com uma precisão aproximadamente do tamanho de um átomo, não poderemos conhecer sua velocidade com precisão maior que cerca de mais ou menos mil quilômetros por segundo, o que não é nem um pouco preciso.

O limite imposto pelo princípio da incerteza não depende da maneira pela qual você tenta medir a posição ou velocidade da partícula, nem do tipo de partícula. O princípio da incerteza de Heisenberg é uma propriedade fundamental, inescapável, do mundo e teve profundas implicações na maneira como vemos o mundo. Mesmo depois de mais de setenta anos, estas implicações não foram inteiramente compreendidas por muitos filósofos e ainda são motivo de muitas controvérsias. O princípio da incerteza anunciou um fim ao sonho de Laplace de uma teoria da ciência, um modelo do universo que seria inteiramente determinístico. Certamente não poderemos predizer os eventos futuros com exatidão se não formos capazes de, sequer, medir o estado atual do universo com precisão!

Poderíamos ainda imaginar que exista um conjunto de leis que determinam inteiramente os eventos para algum ser sobrenatural que, diferente de nós, pudesse observar o presente estado do universo sem o perturbar. Entretanto, tais modelos do universo não têm muito interesse para nós, simples mortais. Parece melhor empregar o princípio da economia conhecido como a navalha de Occam e extirpar todas as características da teoria que não possam ser observadas. Esta abordagem levou Heisenberg, Erwin Schrödinger e Paul Dirac nos anos 1920 a reformular a mecânica de Newton e a criar uma nova teoria denominada mecânica quântica, baseada no princípio da incerteza. Nesta teoria, as partículas não mais tinham posições e velocidades separadas, bem definidas. Em vez disto, tinham um estado quântico, que era uma combinação da posição e velocidade definidas apenas dentro dos limites do princípio da incerteza.

Uma das propriedades revolucionárias da mecânica quântica é que ela não prediz um único resultado definido para uma observação. Pelo contrário, prediz vários desfechos possíveis diferentes e nos informa qual a probabilidade de cada um deles. Quer dizer, se você fizesse a mesma medição num grande número de sistemas semelhantes, cada um dos quais tendo começado da mesma maneira, você descobriria que o resultado da medição seria A num certo número de casos, B em um número diferente de casos, e assim por diante. Você poderia predizer o número aproximado de vezes que o resultado seria A ou B, mas não poderia predizer o resultado específico de uma medição individual.

Por exemplo, imagine que você lançasse um dardo em direção a um alvo. De acordo com as teorias clássicas — isto é, as velhas teorias não-quânticas — ou o dardo acertará em cheio o centro do alvo (acertará na mosca) ou errará. E, se você conhecer a velocidade do dardo ao lançá-lo, a atração da gravidade e outros fatores assim, será capaz de calcular se o dardo acertará ou se errará. Mas a teoria quântica nos diz que isto está errado, que você não pode saber disso com certeza. Pelo contrário, de acordo com a teoria quântica, existe uma determinada probabilidade de que o dardo acertará o centro do alvo e também uma probabilidade diferente de zero de que o dardo acabará em qualquer outra área do alvo. Dado um objeto do tamanho de um dardo, se a teoria clássica — neste caso, as leis de Newton — diz que o dardo acertará na mosca, você pode afirmar com segurança que ele acertará. No mínimo, as chances de não acertar (de acordo com a teoria quântica) são tão baixas que, se você continuasse a lançar o dardo exatamente da mesma maneira até o fim do universo, é provável que jamais observasse o dardo errar seu alvo. Na escala atômica, porém, as coisas são diferentes. Um dardo feito de um único átomo poderia ter uma probabilidade de 90% de acertar na mosca, com uma chance de 5% de atingir qualquer outro lugar no alvo e outros 5% de chance de errar

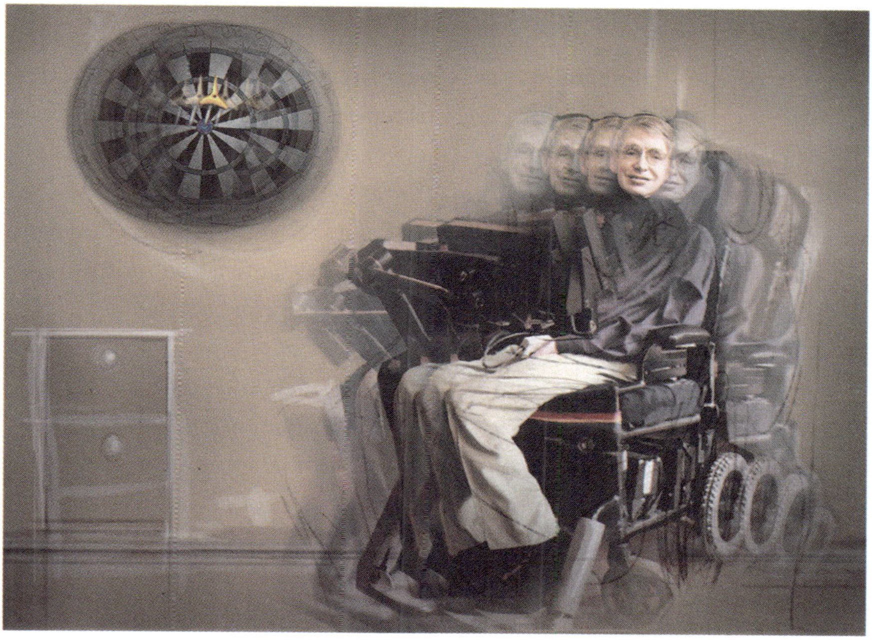

Posição quântica indefinida
De acordo com a teoria quântica, não se pode determinar com exatidão a posição e a velocidade de um objeto com precisão infinita, nem se pode prever exatamente o curso dos eventos futuros.

inteiramente. Não é possível dizer de antemão qual deles acontecerá. Tudo o que você pode dizer é que, se repetir o experimento muitas vezes, você pode esperar que, em média, 90 vezes de cada cem vezes que o experimento for repetido, o dardo acertará na mosca.

A mecânica quântica introduz, portanto, um elemento inevitável de imprevisibilidade ou aleatoriedade na ciência. Einstein discordava disto com grande convicção, apesar do papel importante que ele teve no desenvolvimento destas idéias. De fato, ele recebeu o Prêmio Nobel por sua contribuição para a teoria quântica. Ainda assim, ele nunca aceitou que o universo fosse governado pela casualidade; seus sentimentos foram resumidos na sua famosa declaração: "Deus não joga dados".

O teste de uma teoria científica, como dissemos, é sua capacidade de predizer os resultados de um experimento. A teoria quântica limita nossas capacidades. Isto significa que a teoria quântica limita a ciência? Se quisermos que a ciência progrida, o modo como a levamos em frente deve ser ditado pela natureza. Neste caso, a natureza exige que redefinamos o que previsão significa para nós: podemos não ser capazes de predizer com exatidão o desfecho de um experimento, mas podemos repetir o experimento muitas vezes e confirmar que os vários desfechos possíveis ocorrem dentro das probabilidades previstas pela teoria quântica. Portanto, apesar do princípio da incerteza, não há necessidade de abrir mão da crença num mundo governado pelas leis físicas. De fato, no final, a maioria dos cientistas se mostrou disposta a aceitar a mecânica quântica precisamente porque coincidia perfeitamente com os experimentos.

Uma das implicações mais importantes do princípio da incerteza de Heisenberg é que, em alguns aspectos, as partículas comportam-se exatamente como as ondas. Como já vimos, elas não têm uma posição bem precisa, tendo, pelo contrário, uma posição indefinida, com uma certa distribuição de probabilidades. Da mesma forma, embora a luz seja constituída de ondas, a hipótese quântica de Planck também nos informa que, em certos sentidos, a luz comporta-se como se fosse composta de partículas: pode ser emitida ou absorvida somente em pacotes, ou quanta. De fato, a teoria da mecânica quântica se baseia num tipo inteiramente novo de matemática que não mais descreve o mundo real em termos ou de partículas ou de ondas. Para certos fins, é útil pensar nas partículas como ondas e, para outros fins, é melhor pensar nas ondas como partículas, mas estas maneiras de pensar são apenas uma questão de comodidade. É isto que os físicos querem dizer quando falam que existe uma dualidade entre ondas e partículas na mecânica quântica.

Uma conseqüência importante do comportamento ondulatório na mecânica quântica é que é possível observar aquilo que é chamado de interferência entre dois conjuntos de partículas. Normalmente, interferência é imaginada como um fenômeno das ondas; quer dizer, quando as ondas colidem, as cristas de um conjunto de ondas podem coincidir com os vales do outro conjunto e, neste caso, diz-se que as ondas estão fora de fase. Se isto acontecer, os dois conjuntos de ondas se cancelarão reciprocamente, em vez de se somarem formando uma onda mais forte, como poderíamos imaginar. Um exemplo familiar de interferência no caso da luz são as cores que são freqüentemente observadas nas bolhas de sabão. Elas são causadas pelo reflexo da luz vinda dos dois lados da delgada película de água que forma a bolha. A luz branca consiste em ondas luminosas de diferentes comprimentos de onda, ou cores. Para determinados comprimentos de onda, as cristas das ondas refletidas de um dos lados da película de sabão coincidem com os vales refletidos do outro lado. As cores correspondentes a estes comprimentos de onda estão ausentes da luz refletida, que parece, portanto, ser colorida.

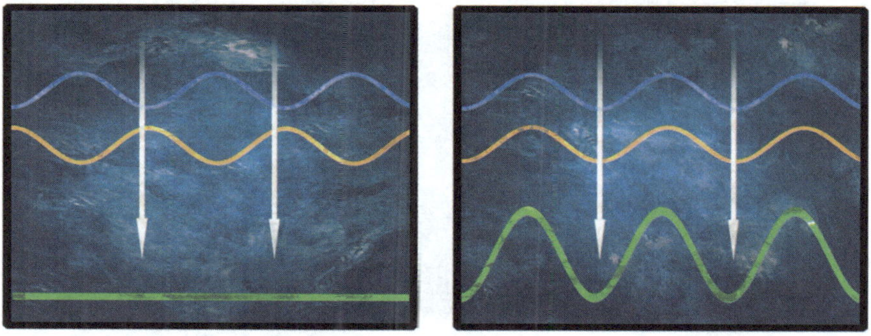

Em fase e fora de fase
Se as cristas e os vales das duas ondas coincidirem, o resultado será uma onda mais forte, mas se as cristas de uma delas coincidirem com os vales da outra, as duas ondas se cancelarão reciprocamente.

Mas a teoria quântica nos diz que a interferência também poderá ocorrer para as partículas, por causa da dualidade introduzida pela mecânica quântica.

Um exemplo famoso é o assim chamado experimento das duas fendas. Imaginemos uma divisória — uma parede fina — com duas estreitas fendas paralelas nela. Antes de considerarmos o que acontece quando as partículas são enviadas através dessas fendas, examinemos o que acontece quando elas são iluminadas. Num dos lados da divisória, você coloca uma fonte de luz de uma determinada cor (isto é, de um determinado comprimento de onda). A maior parte da luz baterá na divisória, mas uma pequena parte atravessará as fendas. Suponhamos agora que você coloca uma tela no lado da divisória oposto à luz. Qualquer ponto nessa tela receberá ondas de ambas as fendas. Entretanto, em geral, a distância que a luz tem de percorrer da fonte de luz até o ponto via uma das fendas será diferente para a luz que se desloca via a outra fenda. Já que a distância percorrida é diferente, as ondas das duas fendas não estarão na mesma fase, uma em relação à outra, quando chegarem até o ponto. Em alguns lugares, os vales de uma onda coincidirão com as cristas da outra e as ondas se cancelarão reciprocamente; em outros lugares, as cristas e os vales coincidirão e as ondas se reforçarão reciprocamente; e na maioria dos lugares, a situação será alguma coisa intermediária. O resultado é um característico padrão de luz e sombra.

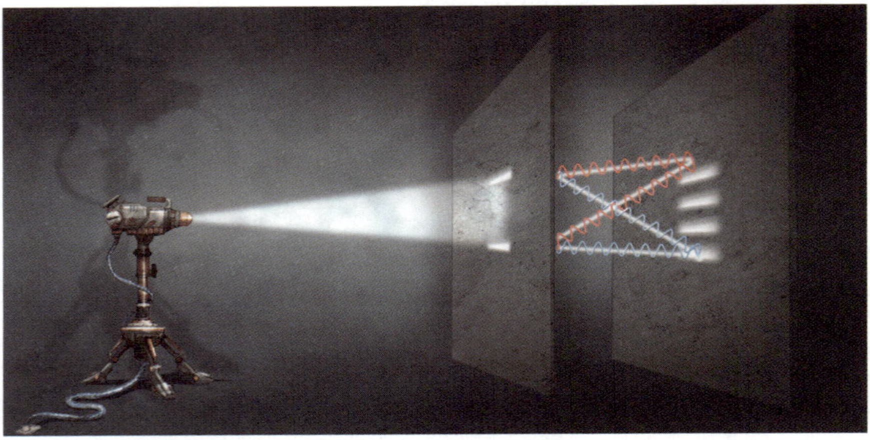

Distâncias percorridas e interferência
No experimento das duas fendas, a distância que as ondas precisam percorrer das fendas superior e inferior até a tela varia com a altura ao longo da tela. O resultado é que as ondas se reforçam reciprocamente em determinadas alturas e se cancelam em outras, formando um padrão de interferência.

O notável é que você obtém exatamente o mesmo tipo de padrão se substituir a fonte de luz por uma fonte de partículas, como os elétrons, que têm uma velocidade definida. (De acordo com a teoria quântica, se os elétrons tiverem uma velocidade definida, as ondas de matéria correspondentes terão um comprimento de onda definido.) Suponhamos que você tenha uma única fenda e comece a atirar elétrons contra a divisória. A maioria dos elétrons será detida pela divisória, mas alguns atravessarão a fenda e conseguirão chegar até a tela do outro lado. Poderia parecer lógico supor que a abertura de uma segunda fenda na divisória simplesmente aumentaria o número de elétrons que atingem cada ponto da tela. Mas se você abrir a segunda fenda, o número de elétrons que atingem a tela aumenta em certos pontos e diminui em outros, exatamente como se os elétrons estivessem interferindo como fazem as ondas, em lugar de agir como partículas. (Veja a ilustração na página 102).

Imaginemos, agora, lançar os elétrons através das fendas, um de cada vez. Ainda existe interferência? Poderíamos esperar que cada elétron atravessasse uma ou a outra fenda, abolindo o padrão de interferência. Na realidade, porém, mesmo quando os elétrons são lançados um de cada vez, o padrão de interferência ainda aparece. Cada elétron, portanto, deve estar atravessando ambas as fendas ao mesmo tempo e interferindo consigo mesmo!

O fenômeno da interferência entre partículas tem sido crucial para a nossa compreensão da estrutura dos átomos, as unidades básicas de que nós, e tudo ao nosso redor, somos feitos. No início do século XX, acreditava-se que os átomos fossem um tanto parecidos com os planetas que orbitam o Sol, com os elétrons (as partículas de eletricidade negativa) orbitando um núcleo central, que carregava eletricidade positiva. A atração entre a eletricidade positiva e negativa supostamente mantinha os elétrons em suas órbitas da mesma maneira que a atração gravitacional entre o Sol e os planetas mantém os planetas em suas órbitas. O problema com isto era que as leis clássicas da mecânica e da eletricidade, antes da mecânica quântica, previam que os elétrons em órbita desta maneira emitiriam radiação. Isto faria com que perdessem energia e, assim, caíssem numa espiral para dentro até colidirem com o núcleo. Isto significaria que o átomo — e, de fato, toda a matéria — deveria rapidamente colapsar até um estado de densidade bem elevada, o que obviamente não acontece!

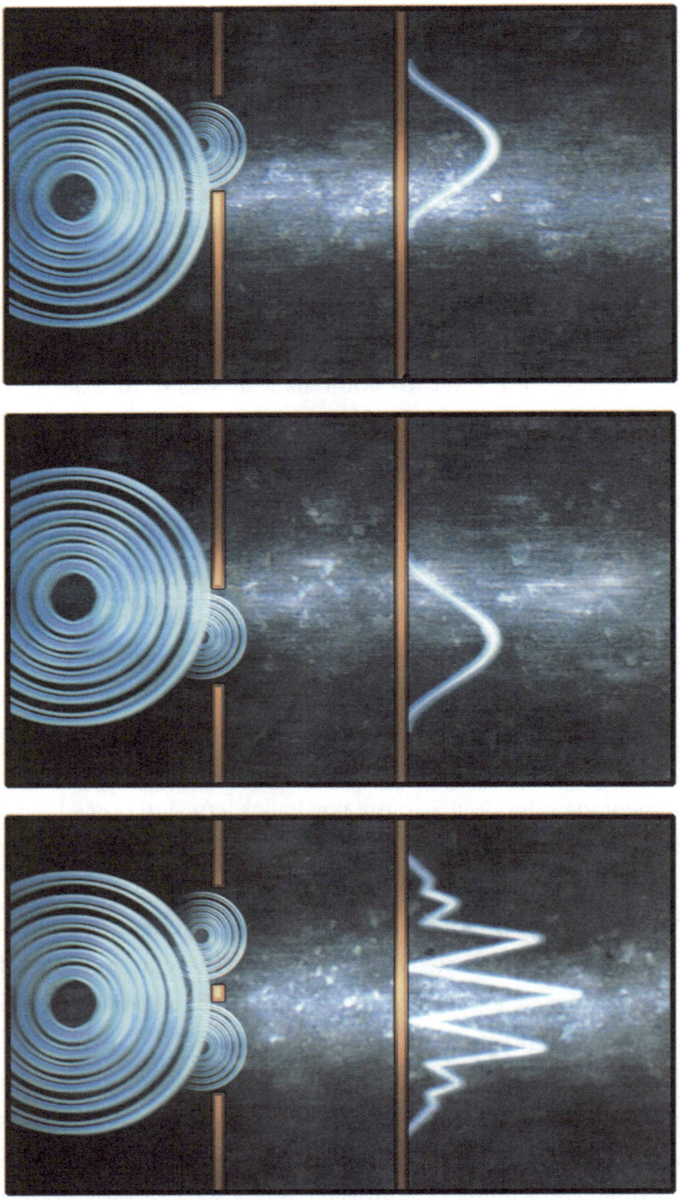

Interferência de elétrons
Por causa da interferência, o resultado do lançamento de um feixe de elétrons através de duas fendas não corresponde ao resultado do lançamento de elétrons através de cada fenda separadamente.

O cientista dinamarquês Niels Bohr encontrou uma solução parcial para este problema em 1913. Ele sugeriu que, talvez, os elétrons não fossem capazes de orbitar simplesmente a uma distância qualquer do núcleo central, mas, pelo contrário, seriam capazes de orbitar somente a determinadas distâncias específicas. A suposição de que somente um ou dois elétrons pudessem orbitar em qualquer uma destas distâncias especificadas resolveria o problema do colapso porque, uma vez que o número limitado de órbitas internas tivesse sido atingido, os elétrons não poderiam espiralar mais para dentro. Este modelo explicava bastante bem a estrutura do átomo mais simples, o hidrogênio, que tem um único elétron em órbita ao redor do núcleo. Mas não deixava claro como estender este modelo para os átomos mais complicados. Além do mais, a idéia de um conjunto limitado de órbitas permitidas parecia um mero Band-Aid. Era um truque que funcionava matematicamente, mas ninguém sabia por que a natureza deveria se comportar dessa maneira, nem que lei mais profunda ela representava — se é que tal lei existia. A nova teoria da mecânica quântica resolveu esta dificuldade, revelando que um elétron em órbita ao redor do núcleo poderia ser imaginado como uma onda, com comprimento de onda que dependia de sua velocidade. Imaginemos a onda girando em torno do núcleo a distâncias especificadas, como Bohr tinha postulado. Para determinadas órbitas, a circunferência da órbita corresponderia a um número inteiro (em oposição a um número fracionário) de comprimentos de onda do elétron. Para estas órbitas, a crista da onda estaria na mesma posição a cada giro e, portanto, as ondas se reforçariam reciprocamente. Estas órbitas corresponderiam às órbitas permitidas de Bohr. Entretanto, para órbitas cujos comprimentos não fossem um número inteiro de comprimentos de onda, cada crista de onda acabaria sendo inteiramente cancelada por um vale à medida que os elétrons continuassem a girar. Estas órbitas não seriam permitidas. A lei de Bohr de órbitas permitidas e proibidas agora tinha uma explicação.

Uma boa maneira de visualizar a dualidade onda/partícula é a assim chamada "soma sobre histórias" introduzida pelo cientista norte-americano Richard Feynman. Neste enfoque, não se parte da premissa que a partícula tenha uma única história ou caminho no espaço-tempo, como ocorreria na teoria clássica não-quântica. Pelo contrário, supõe-se que ela vá do ponto A ao ponto B por todos os caminhos possíveis. A cada caminho entre A e B,

Ondas nas órbitas atômicas
Niels Bohr imaginou o átomo formado por ondas de elétrons girando interminavelmente ao redor de núcleos atômicos. Na sua representação, somente órbitas com circunferências correspondentes a um número inteiro de comprimentos de onda de elétron poderiam sobreviver sem interferência destrutiva.

Feynman associou um par de números. Um deles representa a amplitude, ou tamanho, de uma onda. O outro representa a fase, ou posição no ciclo (isto é, se está numa crista ou num vale ou em algum lugar entre os dois). A probabilidade da partícula ir de A a B é encontrada pela adição das ondas de todos os caminhos que conectam A e B. Em geral, quando se compara um conjunto de caminhos vizinhos, as fases ou posições no ciclo serão muito diferentes. Isto significa que as ondas associadas a esses caminhos irão quase que exatamente se cancelar reciprocamente. Entretanto, para alguns conjuntos de caminhos vizinhos, as fases dos caminhos não serão muito diferentes e as ondas desses caminhos não se cancelarão. Tais caminhos correspondem às órbitas permitidas de Bohr.

Com estas idéias numa forma matemática concreta, foi relativamente simples calcular as órbitas permitidas nos átomos mais complicados e mesmo nas moléculas, que são formadas por vários átomos mantidos unidos pelos elétrons em órbitas que giram ao redor de mais de um núcleo. Já que a estrutura de moléculas e suas reações umas com as outras estão na base de toda a química e biologia, a mecânica quântica nos permite, em princípio, prever praticamente tudo o que vemos ao nosso redor, dentro dos limites determinados pelo princípio da incerteza. (Na prática, contudo, não conseguimos resolver as equações para nenhum outro átomo além do mais simples deles, o hidrogênio, que tem um único elétron, e usamos aproximações e computadores para analisar os átomos e moléculas mais complicados.)

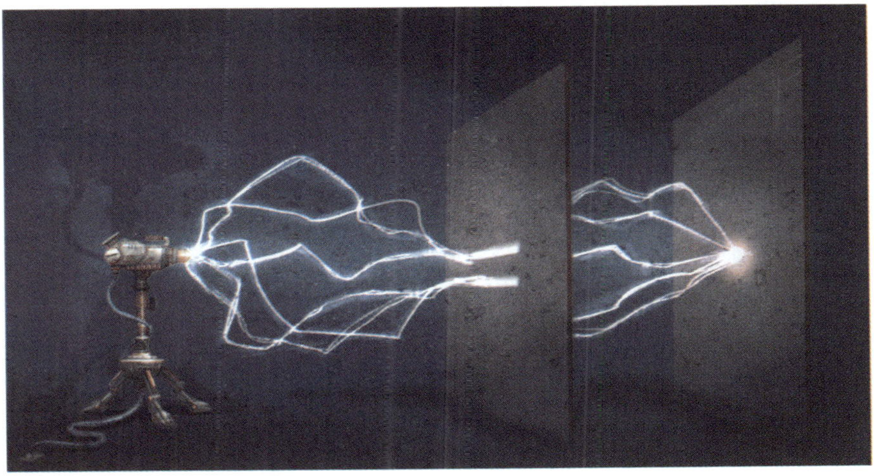

Os muitos caminhos dos elétrons
Na formulação da teoria quântica por Richard Feynman, uma partícula, como esta que se move da fonte até a tela, segue todos os caminhos possíveis.

A teoria quântica tem sido uma teoria tremendamente bem-sucedida e fundamenta praticamente toda a ciência e a tecnologia modernas. Ela governa o comportamento dos transistores e circuitos integrados, que são os componentes essenciais dos aparelhos eletrônicos, tais como os televisores e os computadores, sendo também a base da química e da biologia modernas. As únicas áreas da ciência física nas quais a mecânica quântica ainda não foi propriamente incorporada são a gravidade e a estrutura em larga escala do universo: a teoria da relatividade geral de Einstein, como anteriormente mencionado, não leva em consideração o princípio da incerteza da mecânica quântica, como deveria, para se harmonizar com as outras teorias.

Como vimos no capítulo anterior, já sabemos que a relatividade geral deve ser alterada. Por prever pontos de densidade infinita — singularidades —, a relatividade geral clássica (isto é, não-quântica) prevê seu próprio desmoronamento, exatamente como a mecânica clássica previu sua queda por sugerir que os corpos negros deveriam irradiar energia infinita ou que os átomos deveriam colapsar até uma densidade infinita. E, assim como com a mecânica clássica, temos a esperança de eliminar essas singularidades inaceitáveis, transformando a relatividade geral clássica numa teoria quântica — isto é, através da criação de uma teoria quântica da gravidade.

Se a relatividade geral está errada, por que todos os experimentos até agora a apoiaram? O motivo de não termos ainda percebido discrepância alguma com a observação é que todos os campos gravitacionais que normalmente experimentamos são muito fracos. Mas, como já vimos, o campo gravitacional deveria ficar muito forte quando toda a matéria e energia no universo fossem comprimidas num pequeno volume no universo primitivo. Na presença de tais campos fortes, os efeitos da teoria quântica deveriam ser importantes.

Embora ainda não tenhamos uma teoria quântica da gravidade, realmente conhecemos várias características que acreditamos que ela deveria ter. Uma delas é que deveria incorporar a proposta de Feynman para formular a teoria quântica em termos da soma sobre histórias. Uma segunda característica que acreditamos que deva fazer parte de qualquer teoria definitiva é a idéia de Einstein de que o campo gravitacional é representado por um espaço-tempo curvo: as partículas tentam seguir a coisa mais próxima a uma trajetória retilínea num espaço curvo, mas já que o espaço-tempo não é plano, suas trajetórias parecem ser vergadas, como se por um campo gravitacional. Quando aplicamos a soma sobre histórias de Feynman à concepção de gravidade de Einstein, o análogo da história de uma partícula é agora um espaço-tempo inteiramente curvado, que representa a história do universo inteiro.

Na teoria clássica da gravidade, só existem duas maneiras possíveis de o universo se comportar: ou ele existe há um tempo infinito ou então teve um início numa singularidade há algum tempo finito no passado. Por razões anteriormente discutidas, acreditamos que o universo não tenha existido sempre. No entanto, se teve um início, de acordo com a relatividade geral clássica, para saber qual solução das equações de Einstein descreve o nosso universo, precisamos conhecer seu estado inicial — isto é, exatamente como o universo começou. Deus pode ter originalmente decretado as leis da natureza, mas parece que, depois disso, Ele deixou o universo evoluir de acordo com elas e, agora, não mais intervém nele. Como Ele escolheu o estado ou configuração inicial do universo? Quais foram as condições de contorno no início do tempo? Na relatividade geral clássica, isto é um problema porque a ela se desfaz no início do universo.

Na teoria quântica da gravidade, por outro lado, surge uma nova possibilidade que, se verdadeira, remediaria este problema. Na teoria quântica, é possível o espaço-tempo ser finito em extensão e, ainda assim, não ter singularidades que tenham formado um contorno ou beirada. O espaço-tempo seria como a superfície da Terra, só que com mais duas dimensões. Como anteriormente salientado, se você se deslocar continuamente numa determinada direção na superfície da Terra, nunca se deparará com uma barreira intransponível nem cairá por sobre uma beirada, mas acabará retornando ao lugar onde você começou, sem cair numa singularidade. Portanto, se viermos a constatar que é este o caso, então a teoria quântica da gravidade terá exposto uma nova possibilidade na qual não haveria singularidades nas quais as leis da ciência deixariam de ser válidas.

Se não existirem limites no espaço-tempo, não haverá necessidade de especificar o comportamento no contorno — não haverá necessidade de conhecer o estado inicial do universo. Não existe beirada do espaço-tempo, na qual teríamos de apelar para Deus ou alguma nova lei para definir as condições de contorno para o espaço-tempo. Poderíamos dizer: "A condição de contorno do universo é que ele não tem contorno". O universo seria inteiramente autocontido e não afetado por nada fora dele. Não seria criado nem destruído. Apenas SERIA. Enquanto acreditávamos que o universo teve um início, o papel de um criador parecia evidente. Mas se, de fato, o universo for inteiramente autocontido, não tendo contorno nem beiradas, não tendo nem início nem fim, então a resposta não é tão óbvia assim: qual é o papel de um criador?

Capítulo 10

Buracos de minhoca e viagens no tempo

NOS CAPÍTULOS ANTERIORES, VIMOS como nossas concepções da natureza do tempo se transformaram com o correr dos anos. Até o início do século XX, as pessoas acreditavam num tempo absoluto. Isto é, cada evento poderia ser rotulado por um número chamado "tempo" de uma maneira única, e todos os bons relógios concordariam sobre o intervalo de tempo entre dois eventos. Entretanto, a descoberta de que a velocidade da luz era igual para todo observador, não importando como ele estivesse se movendo, levou à teoria da relatividade — e ao abandono da idéia de que existia um tempo absoluto único. O tempo dos eventos não poderia ser rotulado de uma única maneira. Pelo contrário, cada observador teria sua própria medida de tempo conforme registrada pelo relógio que ele carregava, e os relógios carregados por diferentes observadores não seriam necessariamente concordantes entre si. Conseqüentemente, o tempo tornou-se um conceito mais pessoal, relativo ao observador que o media. Ainda assim, o tempo foi tratado como se fosse uma linha férrea reta na qual você poderia ir apenas num sentido ou no outro. Mas e se a linha férrea tivesse alças e ramais de maneira que o trem pudesse continuar indo em frente, mas voltando para uma estação pela qual já tivesse passado? Em outras palavras, poderia ser possível alguém viajar para o futuro ou o passado? H. G. Wells, em *A máquina do tempo* explorou essas possibilidades, como também incontáveis outros autores de ficção científica. No entanto, muitas idéias da ficção científica, como os submarinos e a viagem até a Lua, tornaram-se questões de fato científico. Quais são, então, as perspectivas de viagens no tempo?

É possível viajar para o futuro. Isto é, a relatividade mostra que é possível criar uma máquina do tempo que o levará num salto para frente no tempo.

Máquina do tempo
Os autores numa máquina do tempo.

Você entra na máquina do tempo, espera, sai e descobre que muito mais tempo passou na Terra do que passou para você. Não temos a tecnologia hoje para fazê-lo, mas é apenas uma questão de engenharia: sabemos que pode ser feito. Um método de construir tal máquina seria explorar a situação que discutimos no Capítulo 6 referente ao paradoxo dos gêmeos. Neste método, enquanto você fica sentado numa máquina do tempo, esta é lançada, acelerando a uma velocidade próxima à da luz, continua durante algum tempo (dependendo de quanto adiante no tempo você quer viajar) e, então, retorna. Não deveria ser uma surpresa para você que a máquina do tempo seja também uma espaçonave, porque, de acordo com a relatividade, tempo e espaço estão relacionados. De qualquer forma, no que diz respeito a você, o único "lugar" em que você estará durante todo o processo será dentro da máquina do tempo. E ao descer da nave, descobrirá que passou mais tempo na Terra do que passou para você. Você viajou para o futuro. Mas você pode voltar? Podemos criar as condições necessárias para viajar de volta no tempo?

O primeiro indício de que as leis da física poderiam realmente permitir que as pessoas viajem de volta no tempo surgiu em 1949, quando Kurt Gödel descobriu uma nova solução para as equações de Einstein; isto é, um novo espaço-tempo permitido pela teoria da relatividade geral. Muitos modelos matemáticos diferentes do universo satisfazem as equações de Einstein, mas isto não significa que correspondam ao universo em que vivemos. Eles diferem, por exemplo, nas suas condições iniciais ou de contorno. Precisamos verificar as previsões físicas desses modelos para decidirmos se eles poderiam ou não corresponder ao nosso universo.

Gödel foi um matemático que ficou famoso por provar que é impossível demonstrar todas as asserções verdadeiras, mesmo que você se limite a tentar demonstrar todas as asserções verdadeiras num tema aparentemente tão direto e indubitável quanto a aritmética. Assim como o princípio da incerteza, o teorema da incompletude de Gödel pode representar uma limitação fundamental na nossa capacidade de compreender e prever o universo. Gödel veio a tomar conhecimento da relatividade geral quando ele e Einstein passaram seus últimos anos no Instituto de Estudos Avançados em Princeton. O espaço-tempo de Gödel tinha uma curiosa propriedade: o universo inteiro estava em rotação.

O que significa dizer que o universo inteiro está em rotação? Estar em rotação significa girar continuamente, mas não implicaria a existência de um ponto estacionário de referência? Você poderia então perguntar: "Em rotação em relação a o quê?" A resposta é um tanto técnica, mas significa basicamente que a matéria distante estaria em rotação com respeito a direções que os pequenos piões ou giroscópios apontam no universo. No espaço-tempo de Gödel, um efeito colateral matemático disto era que, se você viajasse por uma enorme distância para longe da Terra e depois voltasse, seria possível voltar à Terra antes de você ter partido.

Que suas equações poderiam permitir esta possibilidade realmente perturbaram Einstein, que achava que a relatividade geral não permitiria viagens no tempo. Mas, embora satisfaça as equações de Einstein, a solução que Gödel encontrou não corresponde ao universo em que vivemos porque nossas observações mostram que o nosso universo não está em rotação, pelo menos não de uma maneira perceptível. O universo de Gödel também não se expande como o faz o nosso. Entretanto, desde então, os cientistas que estudam as equações de Einstein têm descoberto outros espaços-tempos permitidos pela relatividade geral que realmente permitem viagens ao passado. Contudo, as observações da radiação de fundo em microondas e da abundância de elementos, como o hidrogênio e o hélio, sugerem que o universo primitivo não tinha a espécie de curvatura que estes modelos exigem para permitir as viagens no tempo. A mesma conclusão se seguirá em termos teóricos se estiver correta a proposta de inexistência de limites. Portanto, é esta a pergunta: se o universo começa sem o tipo de curvatura exigido para as viagens no tempo, poderíamos subseqüentemente dobrar regiões locais do espaço-tempo o suficiente para permiti-las?

Novamente, já que o tempo e o espaço estão relacionados, você poderia não ficar surpreso em saber que um problema intimamente relacionado à questão da viagem para trás no tempo seja uma questão de se você pode ou não viajar mais rápido que a luz. Que as viagens no tempo implicam viagens mais rápidas que a luz é fácil de ver: ao tornar a última fase da viagem uma jornada para trás no tempo, você pode tornar a viagem inteira tão breve quanto desejar e, portanto, seria capaz de viajar a uma velocidade ilimitada! Mas, como veremos, isto também funciona na outra direção: se você puder viajar a uma velocidade ilimitada, também poderá viajar para trás no tempo. Uma não é possível sem a outra.

A questão da viagem mais rápida que a luz é um problema de muito interesse para os escritores de ficção científica. O problema deles é que, de acordo com a relatividade, se enviássemos uma espaçonave à nossa estrela vizinha mais próxima, a Próxima do Centauro, que fica a uma distância de aproximadamente quatro anos-luz, levaria pelo menos oito anos antes que pudéssemos esperar que os viajantes voltassem e nos contassem o que tinham descoberto. E se a expedição fosse até o centro da nossa galáxia, levaria pelo menos cem mil anos antes que pudesse retornar. Não é uma boa situação se você quer escrever sobre guerras intergalácticas! Ainda assim, a teoria da relatividade realmente nos permite um único consolo, novamente nas linhas da nossa discussão do paradoxo dos gêmeos no Capítulo 6: é possível que a jornada pareça bem mais curta para os viajantes do espaço do que para aqueles que permanecem na Terra. Mas não haveria muita satisfação em voltar de uma viagem no espaço apenas poucos anos mais velho só para descobrir que todo mundo que você deixou para trás estava morto e enterrado há milhares de anos. Assim, para despertar o interesse de qualquer pessoa por suas narrativas, os escritores de ficção científica tiveram de pressupor que, um dia, descobriríamos como viajar mais rápido que a luz. A maioria desses autores não parece ter percebido o fato de que, se você viajar mais rápido que a luz, a teoria da relatividade implica você também poder viajar para trás no tempo, como diz o seguinte poema:

> Havia uma jovem senhora de Wight
> Que viajou bem mais rápido que a luz.
> Partiu certo dia,
> De uma maneira relativa,
> E chegou na noite anterior.

A chave para esta conexão é que a teoria da relatividade diz não apenas que não existe uma medida única do tempo com a qual todos os observadores concordarão, mas que, sob determinadas circunstâncias, os observadores sequer precisarão estar de acordo sobre a ordem dos eventos. Em particular, se dois eventos, A e B, estiverem tão distanciados no espaço que um foguete precisará viajar a uma velocidade maior que a da luz para ir do evento A até o evento B, dois observadores movendo-se a diferentes velocidades poderão discordar sobre se o evento A ocorreu antes de B ou se o evento B ocorreu antes do evento A. Suponhamos, por exemplo, que o evento A é a linha de chegada da corrida final de cem metros dos Jogos Olímpicos em 2012 e que o evento B é a abertura da 100.004ª reunião do Congresso da Próxima do Centauro. Suponhamos que, para um observador na Terra, o evento A aconteceu primeiro e, depois, o evento B. Digamos que B aconteceu um ano depois, em 2013 segundo o tempo da Terra. Já que a Terra e Próxima do Centauro estão a uma distância de cerca de quatro anos-luz, estes dois eventos satisfazem o critério acima: embora A ocorra antes de B, para ir de A a B você teria de viajar mais rápido que a luz. Então, para um observador na Próxima do Centauro distanciando-se da Terra a uma velocidade próxima à da luz, pareceria que a ordem dos eventos é reversa: pareceria que o evento B ocorreu antes do evento A. Este observador diria que é possível, se você conseguisse mover-se mais rápido que a luz, ir do evento B até o evento A. De fato, se você fosse realmente rápido, também conseguiria voltar de A até a

Próxima do Centauro antes da corrida e fazer uma aposta nela na certeza do conhecimento de quem ganharia!

Existe um problema na quebra da barreira da velocidade da luz. A teoria da relatividade diz que a potência do foguete necessária para acelerar uma espaçonave fica cada vez maior quanto mais se aproxima da velocidade da luz. Temos evidências experimentais disto, não com espaçonaves, mas com partículas elementares em aceleradores de partículas como aqueles no Fermilab ou no Centro Europeu de Pesquisas Nucleares (CERN). Podemos acelerar as partículas até 99,99% da velocidade da luz, mas, por maior que seja a energia de alimentação, não conseguimos que elas ultrapassem a barreira da velocidade da luz. O mesmo acontece com as espaçonaves: não importa quanta potência tenham no foguete, elas não conseguem acelerar além da velocidade da luz. E já que a viagem para trás no tempo só será possível se for possível uma viagem mais rápida que a luz, poderia parecer que isto descarta tanto as viagens espaciais rápidas quanto as viagens de volta no tempo.

Contudo, existe uma saída possível. Poderia acontecer de você poder dobrar o espaço-tempo de maneira que existisse um atalho entre A e B. Uma maneira de fazê-lo seria criar um buraco de minhoca entre A e B. Como sugere o nome, um buraco de minhoca é um tubo delgado de espaço-tempo que pode conectar duas regiões quase planas muito distantes entre si. É mais ou menos como estar no sopé de uma alta cadeia de montanhas. Normalmente, para chegar do outro lado, seria necessário subir uma grande distância e depois descer — mas não se existisse um gigantesco buraco de minhoca que atravessasse horizontalmente a rocha. Você poderia imaginar a criação ou a descoberta de um buraco de minhoca que levasse das vizinhanças do nosso Sistema Solar até a Próxima do Centauro. A distância através do buraco de minhoca poderia ser de apenas uns poucos milhões de quilômetros, mesmo com a Terra e a Próxima do Centauro estando separadas por uma distância de trinta milhões de milhões de quilômetros no espaço comum. Se transmitirmos a notícia da corrida de cem metros através do buraco de minhoca, poderia haver tempo de sobra para que ela chegasse lá antes da abertura do Congresso. Mas, então, um observador movendo-se em direção à Terra também deveria ser capaz de encontrar outro buraco de minhoca que lhe permitiria sair da abertura do Congresso na Próxima do Centauro e voltar para a Terra antes do início da corrida. Portanto, os buracos de minhoca, assim como qualquer outra forma possível de viagem mais rápido que a luz, permitiriam viagens para o passado.

A idéia de buracos de minhoca entre diferentes regiões do espaço-tempo não é uma invenção dos escritores de ficção científica; surgiu de uma fonte muito respeitável. Em 1935, Einstein e Nathan Rosen escreveram um artigo no qual mostraram que a relatividade geral permitia aquilo que eles chamaram de pontes, mas que são atualmente conhecidas como buracos de minhoca.

Buraco de minhoca
Se os buracos de minhoca existirem, podem fornecer atalhos entre pontos distantes no espaço.

As pontes de Einstein-Rosen não duravam o suficiente para que uma espaçonave as atravessasse: a nave se depararia com uma singularidade quando o buraco de minhoca fosse pinçado. Entretanto, foi sugerido que talvez fosse possível que uma civilização avançada mantivesse aberto um buraco de minhoca. Para fazer isto, ou para dobrar o espaço-tempo de qualquer outra maneira de forma a permitir viagens no tempo, você tem de mostrar que precisa de uma região do espaço-tempo com curvatura negativa, como a superfície de uma sela. A matéria comum, que tem densidade de energia positiva, confere ao espaço-tempo uma curvatura positiva, como a superfície de uma esfera. Portanto, o que é necessário para dobrar o espaço-tempo de uma maneira a permitir viagens ao passado é matéria com densidade de energia negativa.

O que significa ter densidade de energia negativa? Energia é um pouco como dinheiro: se você tiver um saldo positivo, poderá distribuí-lo de várias maneiras, mas, de acordo com as leis clássicas nas quais se acreditava um século atrás, você não podia ter um saldo negativo na sua conta bancária.

Logo, estas leis clássicas teriam descartado uma densidade de energia negativa e, desta maneira, qualquer possibilidade de viagens para trás no tempo. Entretanto, como já descrito nos capítulos anteriores, as leis clássicas foram suplantadas pelas leis quânticas baseadas no princípio da incerteza. As leis quânticas são mais liberais e permitem que você tenha saldo negativo em uma ou duas contas, desde que o saldo total seja positivo. Em outras palavras, a teoria quântica permite que a densidade de energia seja negativa em alguns lugares, desde que isto seja compensado por densidades de energia positivas em outros lugares, de maneira que a energia total permaneça positiva. Conseqüentemente, temos motivo para acreditar que o espaço-tempo possa ser dobrado e que possa ser curvado da maneira necessária para permitir viagens no tempo.

De acordo com a soma sobre histórias de Feynman, as viagens no tempo para o passado, de certo modo, realmente ocorrem na escala das partículas isoladas. No método de Feynman, uma partícula comum movendo-se para frente no tempo é equivalente a uma antipartícula movendo-se para trás no tempo. Na matemática dele, você pode considerar que um par de partícula/antipartícula — que são criadas juntas e depois se aniquilam reciprocamente — seria como uma partícula isolada movendo-se numa alça fechada no espaço-tempo. Para enxergar isto, imagine inicialmente o processo no modo tradicional. Num determinado momento — digamos, tempo A — uma partícula e uma antipartícula são criadas. Ambas movem-se para frente no tempo. Então, num momento posterior, tempo B, elas voltam a interagir e aniquilam-se reciprocamente. Antes de A e depois de B, nenhuma das duas partículas existe. De acordo com Feynman, porém, você pode olhar de uma maneira diferente. Em A, uma única partícula é criada. Ela move-se para frente no tempo até B e depois volta no tempo até A. Em vez de uma partícula e antipartícula movendo-se para frente no tempo juntas, existe apenas um único objeto movendo-se numa "alça" de A até B e voltando novamente. Quando o objeto está se movendo para frente no tempo (de A até B), ele é chamado de partícula. Mas quando o objeto está viajando de volta no tempo (de B até A), ele aparece como uma antipartícula viajando para frente no tempo.

Tais viagens no tempo podem produzir efeitos observáveis. Por exemplo, suponhamos que um membro do par partícula/antipartícula (digamos, a antipartícula) caia num buraco negro, deixando o outro membro sem parceiro

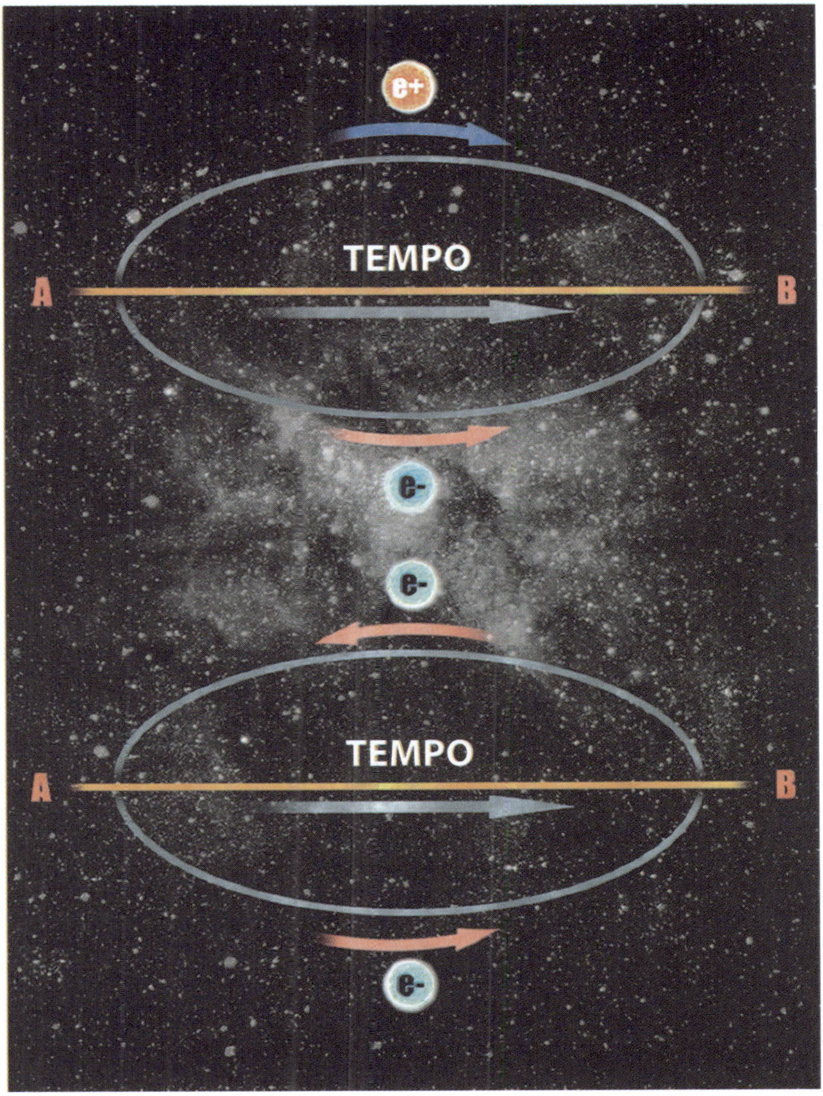

Antipartícula à la Feynman
Uma antipartícula pode ser vista como uma partícula viajando para trás no tempo. Podemos, portanto, pensar num par partícula/antipartícula virtual como uma partícula movendo-se numa alça fechada no espaço-tempo.

com quem se aniquilar. A partícula desamparada poderia igualmente cair no buraco, mas também poderia escapar das vizinhanças do buraco negro. Neste caso, para um observador a certa distância, pareceria ser uma partícula emitida pelo buraco negro. Você pode, contudo, ter um quadro intuitivo diferente, mas equivalente, do mecanismo de emissão da radiação dos buracos negros. Pode considerar o membro do par que caiu no buraco negro (digamos, a antipartícula) como uma partícula viajando para trás no tempo para fora do buraco. Quando chegasse ao ponto em que o par partícula/antipartícula aparecesse junto, ela seria dispersada pelo campo gravitacional do buraco negro transformando-se numa partícula viajando para frente no tempo e escapando do buraco negro. Ou se, pelo contrário, tivesse sido a partícula, membro do par, que caiu no buraco, você poderia considerá-la uma antipartícula viajando para trás no tempo e saindo do buraco negro. Assim, a radiação dos buracos negros mostra que a teoria quântica permite viagens para trás no tempo numa escala microscópica.

Temos, portanto, como nos perguntar se a teoria quântica permite a possibilidade de, assim que avançarmos na ciência e na tecnologia, conseguirmos, afinal, construir uma máquina do tempo. À primeira vista, parece que deveria ser possível. A proposta da soma sobre histórias de Feynman deveria ser sobre todas as histórias. Por conseguinte, deveria incluir histórias nas quais o espaço-tempo está tão dobrado que é possível viajar para o passado. Ainda assim, mesmo que as leis conhecidas da física não pareçam descartar as viagens no tempo, existem outros motivos para questionar se elas são possíveis.

Uma dúvida é esta: se for possível viajar para o passado, por que ninguém voltou do futuro e nos contou como fazê-lo? Haveria bons motivos pelos quais seria insensato nos revelar o segredo das viagens no tempo no nosso presente e primitivo estado de desenvolvimento, mas, a menos que a natureza humana mude radicalmente, é difícil acreditar que nenhum visitante do futuro, inadvertidamente ou não, deixasse vazar o segredo. Obviamente, algumas pessoas alegariam que as visões de óvnis representam evidências de que estamos recebendo visitas de alienígenas ou de pessoas vindas do futuro. (Dada a enorme distância das outras estrelas, se os alienígenas tivessem que chegar aqui num tempo razoável, eles precisariam de viagens mais rápidas que a luz e, portanto, as duas possibilidades seriam equivalentes.) Uma possível maneira de explicar a ausência de visitantes do futuro seria dizer que o passado é fixo porque nós o observamos e vimos que não tem o tipo de dobra necessário para permitir viajar do futuro para trás. Por outro lado, o futuro é desconhecido e aberto e, portanto, poderia muito bem ter a curvatura necessária. Isto significaria que quaisquer viagens no tempo estariam confinadas ao futuro. Não haveria qualquer chance de o capitão Kirk e a nave estelar *Enterprise* aparecerem no tempo presente.

Isto talvez explicasse por que ainda não fomos infestados por turistas do futuro, mas não evitaria outro tipo de problema, que surge se for possível ir para trás e mudar a história: por que não nos vemos em apuros com a história? Suponhamos, por exemplo, que alguém tivesse voltado e dado aos nazistas o segredo da bomba atômica ou que você voltasse ao passado e matasse seu tataravô antes que ele tivesse filhos. Existem muitas versões deste paradoxo, mas são essencialmente equivalentes: teríamos contradições se fôssemos livres para alterar o passado.

Parecem existir duas possíveis soluções para os paradoxos apresentados pelas viagens no tempo. A primeira poderia ser chamada de abordagem das histórias consistentes. Ela diz que, mesmo que o espaço-tempo seja dobrado de maneira que seria possível viajar para o passado, o que acontece no espaço-tempo deve ser uma solução compatível com as leis da física. Em outras palavras, de acordo com este ponto de vista, você não poderia voltar no tempo a menos que a história já tivesse mostrado que você tinha voltado e que, enquanto esteve lá, não tinha matado o tataravô nem cometido quaisquer outros atos que entrassem em conflito com a história de como você se colocou na atual situação no presente. Além disto, quando você realmente voltasse, não seria capaz de mudar a história registrada; você estaria apenas seguindo-a. Nesta concepção, o passado e o futuro são preestabelecidos: você não teria livre-arbítrio para fazer o que quisesse.

É claro que você poderia dizer que, de qualquer maneira, o livre-arbítrio é uma ilusão. Se realmente existir uma teoria completa da física que governa tudo, ela presumivelmente também determinará as suas ações. Mas ela o faz de tal maneira que é impossível calcular para um organismo tão complicado quanto o ser humano e envolve certa aleatoriedade por causa dos efeitos da mecânica quântica. Portanto, uma maneira de interpretar isso é dizermos que os seres humanos têm livre-arbítrio porque não podemos prever o que eles farão. Entretanto, se um ser humano partisse num foguete e voltasse antes de ter partido, seremos capazes de prever que ele o fará porque fará parte da história registrada. Conseqüentemente, nessa situação, o viajante do tempo não teria livre-arbítrio, em sentido algum.

A outra maneira possível de resolver os paradoxos das viagens no tempo poderia ser chamada de abordagem das histórias alternativas. A idéia aqui é que, quando os viajantes do tempo voltam para o passado, eles entram em histórias alternativas que são diferentes da história registrada. Assim, eles podem agir livremente, sem as amarras da coerência com sua história anterior. Steven Spielberg brincou com esta noção nos filmes *De volta para o futuro*: Marty McFly conseguiu voltar e mudar o namoro dos pais para uma história mais satisfatória.

A hipótese das histórias alternativas soa bem parecida com a maneira de Richard Feynman expressar a teoria quântica como uma soma sobre histórias, como descrevemos no Capítulo 9. Esta dizia que o universo não tinha uma única história apenas; pelo contrário, tinha todas as histórias possíveis, cada qual com sua própria probabilidade. Entretanto, parece haver uma importante diferença entre a proposta de Feynman e as histórias alternativas. Na soma de Feynman, cada história abrange um espaço-tempo completo e tudo nele. O espaço-tempo pode estar tão dobrado que é possível viajar num foguete até o passado. Mas o foguete permaneceria no mesmo espaço-tempo e, portanto, na mesma história, que teria de ser constante. Portanto, a proposta da soma sobre histórias de Feynman parece apoiar mais a abordagem das histórias consistentes do que a idéia das histórias alternativas.

Poderemos evitar estes problemas se adotarmos aquilo que poderíamos chamar de conjectura da proteção cronológica. Esta diz que as leis da física conspiram no sentido de impedir que os corpos macroscópicos transportem informações para o passado. Esta conjectura não foi demonstrada, mas existe uma razão para acreditar que ela seja verdadeira. A razão é que, quando o espaço-tempo é dobrado o suficiente para tornar possíveis as viagens no tempo para o passado, os cálculos que empregam a teoria quântica mostram que os pares partícula/antipartícula movendo-se continuamente em alças fechadas podem criar densidades de energia grandes o bastante para dar ao espaço-tempo uma curvatura positiva, contrapondo-se à dobra que permite as viagens no tempo. Por ainda não estar claro se é este o caso, a possibilidade das viagens no tempo por enquanto é uma questão em aberto. Mas não aposte nela. Seu oponente poderia ter a vantagem injusta de conhecer o futuro.

CAPÍTULO 11

As forças da natureza e a unificação da física

COMO FOI EXPLICADO NO CAPÍTULO 3, seria muito difícil construir uma teoria unificada completa de tudo no universo, tudo de uma única tacada. Portanto, em vez disto, temos feito progresso descobrindo teorias parciais que descrevem uma gama limitada de acontecimentos e desconsiderando outros efeitos ou aproximando-os por certos números. As leis da ciência, como as conhecemos no presente, contêm muitos números — por exemplo, o tamanho da carga elétrica do elétron e a razão entre as massas do próton e do elétron — que não podemos, pelo menos no momento, prever a partir da teoria. Em vez disto, descobrimos tais números por observação e depois os inserimos nas equações. Alguns chamam tais números de constantes fundamentais; outros chamam-nos de fatores ajustáveis.

Qualquer que seja o ponto de vista, o fato extraordinário é que os valores desses números parecem ter passado por um ajuste muito fino para possibilitar o desenvolvimento da vida. Por exemplo, se a carga elétrica do elétron tivesse sido apenas ligeiramente diferente, teria estragado o equilíbrio da força eletromagnética e gravitacional nas estrelas e, ou elas teriam sido incapazes de queimar o hidrogênio e o hélio, ou então não teriam explodido. De uma maneira ou de outra, a vida não poderia existir. Em última instância, esperaríamos encontrar uma teoria unificada completa e coerente que incluísse todas essas teorias parciais como aproximações e que não precisasse ser ajustada para encaixar os fatos por meio da seleção dos valores de números arbitrários na teoria, tais como a intensidade da carga do elétron.

A busca de tal teoria é conhecida como a unificação da física. Einstein gastou a maior parte de seus últimos anos numa busca infrutífera por uma teoria unificada, mas o momento ainda não era propício: havia teorias parciais para a gravidade e a força eletromagnética, mas muito pouco se conhecia sobre as forças nucleares. Além disto, como mencionado no Capítulo 9, Einstein se recusou a acreditar na realidade da mecânica quântica. Contudo, o princípio da incerteza parece ser uma característica fundamental do universo em que vivemos. Uma teoria unificada bem-sucedida deve, portanto, necessariamente incorporar este princípio.

As perspectivas de descobrir tal teoria parecem ser muito melhores agora porque sabemos muito mais sobre o universo. Mas devemos ter cuidado com o excesso de confiança — já tivemos antes falsas auroras! No início do século XX, por exemplo, acreditava-se que tudo pudesse ser explicado em termos das propriedades da matéria contínua, como a elasticidade e a condução térmica. A descoberta da estrutura atômica e do princípio da incerteza colocaram um ponto final enfático nisso. Então em 1928, uma vez mais, o físico e ganhador do Prêmio Nobel Max Born disse a um grupo de visitantes da Universidade de Göttingen: "A física, como a conhecemos, estará acabada em seis meses". Sua confiança se baseava na recente descoberta de Dirac da equação que governava o elétron. Acreditava-se que uma equação similar regeria o próton, que era a única outra partícula conhecida na época, e que seria o fim da física teórica. Entretanto, a descoberta do nêutron e das forças nucleares também foi um golpe certeiro nessa crença. Tendo dito isto, existem, mesmo assim, motivos para acreditarmos com otimismo cauteloso que podemos estar agora perto do fim da busca pelas leis definitivas da natureza.

Na mecânica quântica, as forças ou interações entre partículas de matéria são todas supostamente transportadas pelas partículas. O que acontece é que uma partícula de matéria, tal como um elétron ou um quark, emite uma partícula portadora de força. O coice desta emissão altera a velocidade da partícula de matéria pelo mesmo motivo que um canhão recua depois de disparar uma bala. A partícula portadora de força então colide com outra partícula de matéria e é absorvida, alterando o movimento daquela partícula. A resultante do processo de emissão e absorção é igual àquela que ocorreria se tivesse existido uma força entre as duas partículas de matéria.

Cada força é transmitida por seu próprio tipo bem definido de partícula portadora de força. Se as partículas portadoras de força tiverem uma grande massa, será difícil produzi-las e permutá-las a grandes distâncias; portanto, as forças que elas portam terão apenas um curto alcance. Por outro lado, se

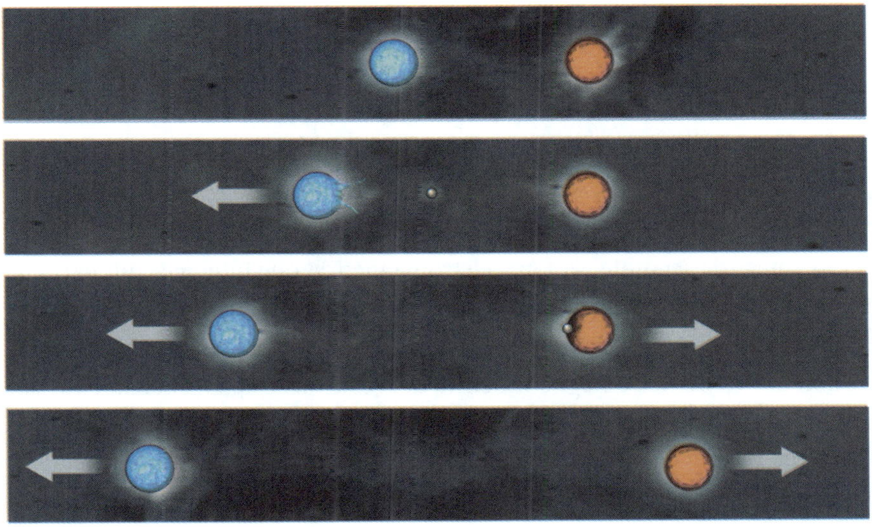

Troca de partículas
De acordo com a teoria quântica, forças surgem da troca de partículas portadoras de força.

as partículas portadoras de força não tiverem massa própria, as forças serão de longo alcance. As partículas portadoras de força permutadas entre as partículas de matéria são ditas partículas virtuais porque, ao contrário das partículas reais, não podem ser diretamente detectadas por um detector de partículas. Sabemos que elas existem, porém, porque têm realmente um efeito mensurável: dão origem a forças entre as partículas de matéria.

As partículas portadoras de força podem ser agrupadas em quadro categorias. É necessário enfatizar que esta divisão em quatro classes é uma criação do homem: é cômodo para a construção de teorias parciais, mas pode não corresponder a nada mais profundo. Em última instância, a maioria dos físicos espera encontrar uma teoria unificada que explique todas as quatro forças como diferentes aspectos de uma mesma força. De fato, muitos diriam que é este o objetivo primordial da física hoje.

A primeira categoria é a força gravitacional. Esta força é universal; isto é, toda partícula sente a força da gravidade, de acordo com sua massa ou energia. A atração gravitacional é representada como aquela causada pela troca de partículas virtuais denominadas grávitons. A gravidade é, de longe, a mais fraca das quatro forças; é tão fraca que sequer a perceberíamos se não fosse por duas propriedades especiais que ela possui: pode agir a longas distâncias e é sempre atrativa. Isto significa que as forças gravitacionais bem fracas entre as partículas individuais em dois corpos grandes, como a Terra e o Sol, podem se somar para produzir uma força significativa. As outras três forças são ou de curto alcance ou são às vezes de atração e outras vezes de repulsão, tendendo, portanto, a se cancelar.

A categoria seguinte é a força eletromagnética, que interage com partículas eletricamente carregadas, como os elétrons e os quarks, mas não com partículas sem carga, como os neutrinos. É bem mais forte que a força gravitacional: a força eletromagnética entre dois elétrons é aproximadamente um milhão de milhão de milhão de milhão de milhão de milhão de milhão (1 com 42 zeros depois dele) de vezes maior que a força gravitacional. Entretanto, existem dois tipos de carga elétrica: positiva e negativa. A força entre duas cargas positivas é de repulsão, como o é a força entre duas cargas negativas, mas a força entre uma carga positiva e outra negativa é de atração.

Um corpo grande, como a Terra ou o Sol, contém números quase iguais de cargas positivas e negativas. Por conseguinte, as forças de atração e de repulsão entre as partículas individuais quase que se cancelam inteiramente e existe bem pouca força eletromagnética resultante. Entretanto, nas pequenas escalas dos átomos e moléculas, dominam as forças eletromagnéticas. A atração eletromagnética entre elétrons carregados negativamente e prótons carregados positivamente no núcleo fazem os elétrons girar em órbita ao redor do núcleo do átomo, exatamente como a atração gravitacional faz a Terra girar em órbita ao redor do Sol. A atração eletromagnética é representada como aquela causada pela troca de grandes números de partículas virtuais denominadas fótons. Novamente, os fótons que são permutados são partículas virtuais. Entretanto, quando um elétron muda de uma órbita para outra mais próxima do núcleo, há liberação de energia e um fóton real é emitido — que poderá ser observado como luz visível pelo olho humano, se tiver o comprimento de onda correto, ou por um detector de fótons, como um filme fotográfico. Igualmente, se um fóton real colidir com um átomo, ele poderá mover um elétron de uma órbita mais próxima do núcleo para outra mais distante. Isto consome a energia do fóton; portanto, ele é absorvido.

A terceira categoria é chamada de força nuclear fraca. Não entramos em contato direto com esta força na vida cotidiana. É, entretanto, responsável pela radioatividade — o decaimento dos núcleos atômicos. A força nuclear fraca só foi compreendida em 1967, quando Abdus Salam, no Colégio Imperial de Londres, e Steven Weinberg, em Harvard, propuseram teorias que unificaram esta interação com a força eletromagnética, exatamente como Maxwell tinha unificado a eletricidade e o magnetismo cerca de cem anos antes. As previsões da teoria tinham uma correspondência tão boa com os experimentos que, em 1979, Salam e Weinberg receberam o Prêmio Nobel de física, juntamente com Sheldon Glashow, também de Harvard, que tinha sugerido teorias unificadas similares das forças eletromagnética e nuclear fraca.

A quarta categoria é a mais forte das quatro forças, a força nuclear forte. É outra força com que não temos contato direto, mas é a força que mantém unida a maior parte do nosso mundo cotidiano. É responsável por ligar os quarks dentro do próton e do nêutron e por manter os prótons e nêutrons juntos no núcleo de um átomo. Sem a força forte, a repulsão elétrica entre os prótons carregados positivamente separaria todos os núcleos atômicos no universo, exceto aqueles do gás hidrogênio, cujo núcleo é formado por um único próton. Acredita-se que esta força seja transportada por uma partícula, chamada glúon, que interage apenas consigo mesma e com os quarks.

O sucesso da unificação das forças eletromagnética e nuclear fraca levou a inúmeras tentativas de combinar estas duas forças com a força nuclear forte, naquilo que é conhecido como a teoria da grande unificação (ou TGU). Este título é um tanto exagerado: nem todas as teorias resultantes são tão grandes assim, nem são inteiramente unificadas, já que não incluem a gravidade. Também não representam teorias realmente completas, já que contêm vários parâmetros cujos valores não podem ser previstos da teoria, mas têm de ser escolhidos para se ajustar aos experimentos. Ainda assim, podem representar um passo em direção a uma teoria completa, inteiramente unificada.

A principal dificuldade em descobrir uma teoria que unifique a gravidade com as outras forças é que a teoria da gravidade — a relatividade geral — é a única que não é uma teoria quântica: não leva em consideração o princípio da incerteza. No entanto, já que as teorias parciais das outras forças dependem da mecânica quântica de uma maneira essencial, a unificação da gravidade com as outras teorias exigiria encontrar uma maneira de incorporar esse princípio na relatividade geral. Mas ninguém foi capaz ainda de fazer uma teoria quântica da gravidade.

O motivo de uma teoria quântica da gravidade ter se revelado tão difícil de ser criada tem a ver com o fato de que o princípio da incerteza significa que mesmo o espaço "vazio" está preenchido com pares de partículas e antipartículas virtuais. Se não fosse — se o espaço "vazio" fosse de fato inteiramente vazio —, isto significaria que todos os campos, por exemplo, os campos gravitacional e eletromagnético, teriam de ser exatamente iguais a zero. Entretanto, o valor de um campo e sua taxa de alteração com o tempo são como a posição e a velocidade (isto é, alteração de posição) de uma partícula: o princípio da incerteza implica que quanto maior a exatidão com que se conhece uma destas quantidades, menor será a exatidão com que se pode conhecer a outra. Portanto, se um campo no espaço vazio fosse fixo em exatamente zero, teria tanto um valor preciso (zero) quanto uma taxa exata de alteração (também zero), em violação do princípio em questão. Conseqüentemente, deve existir certa quantidade mínima de incerteza, ou flutuações quânticas, no valor do campo.

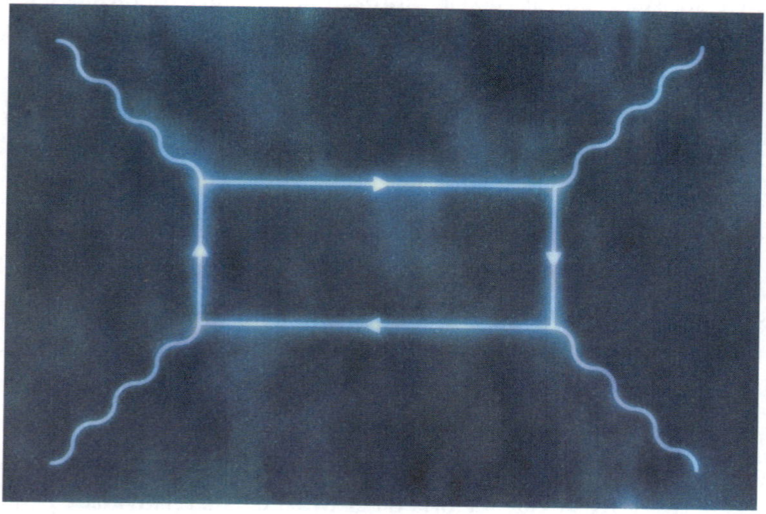

Diagrama do par partícula/antipartícula virtual de Feynman
O princípio da incerteza, aplicado ao elétron, afirma que, mesmo no espaço vazio, pares de partícula/antipartícula virtuais aparecem e então se aniquilam reciprocamente.

Podemos pensar nessas flutuações como pares de partículas que aparecem juntas em algum momento, afastam-se e depois voltam a se reunir e se aniquilar reciprocamente. São partículas virtuais, assim como as partículas que transportam as forças: ao contrário das partículas reais, elas não podem ser diretamente observadas com um detector de partículas. Entretanto, seus efeitos indiretos, tais como as pequenas mudanças na energia das órbitas dos elétrons, podem ser medidos e estes dados estão de acordo com as previsões teóricas num grau de precisão extraordinário. No caso das flutuações do campo eletromagnético, essas partículas são fótons virtuais e no caso das flutuações do campo gravitacional, são grávitons virtuais. No caso das flutuações dos campos de força fraca e forte, entretanto, os pares virtuais são pares de partículas de matéria, como os elétrons ou os quarks, e suas antipartículas.

O problema é que as partículas virtuais têm energia. De fato, por existir um número infinito de pares virtuais, eles teriam uma quantidade infinita de energia e, portanto, pela equação de Einstein $E=mc^2$ (veja o Capítulo 5), teriam uma quantidade infinita de massa. De acordo com a relatividade geral, isto significa que sua gravidade curvaria o universo a um tamanho infinitamente pequeno. Isso obviamente não acontece! Infinitos semelhantes aparentemente absurdos ocorrem nas outras teorias parciais — aquelas das forças forte, fraca e eletromagnética —, mas, em todos estes casos, um processo chamado renormalização pode remover os infinitos, sendo este o motivo pelo qual fomos capazes de criar teorias quânticas daquelas forças.

A renormalização envolve a introdução de novos infinitos que têm o efeito de cancelar os infinitos que surgem na teoria. Entretanto, eles não precisam se cancelar com exatidão. Podemos escolher os novos infinitos de maneira a deixar pequenos restos. Estes pequenos restos são conhecidos como quantidades renormalizadas, na teoria.

Embora, na prática, esta técnica seja matematicamente um tanto duvidosa, parece realmente funcionar e vem sendo usada com as teorias das forças forte, fraca e eletromagnética para fazer previsões que são concordantes com as observações com um grau de precisão excepcional. A renormalização tem, porém, um grave inconveniente do ponto de vista da tentativa de encontrar uma teoria completa, porque significa que os valores reais das massas e das forças não podem ser previstos a partir da teoria, mas precisam ser escolhidos para se adequar às observações. Infelizmente, na tentativa de usar a renormalização para remover os infinitos quânticos da relatividade geral, temos apenas duas quantidades que podem ser ajustadas: a força da gravidade e o valor da constante cosmológica, o termo que Einstein introduziu em suas equações por acreditar que o universo não se encontrava em expansão (veja o Capítulo 7). Descobre-se, afinal, que esses ajustes não bastam para remover todos os infinitos. Acabamos ficando, portanto, com uma teoria quântica da gravidade que parece prever que certas quantidades, tais como a curvatura do espaço-tempo, são realmente infinitas — contudo, estas quantidades podem ser observadas e medidas e são perfeitamente finitas!

Que isto seria um problema na combinação da relatividade geral com o princípio da incerteza era uma suspeita levantada já há algum tempo, mas foi finalmente confirmada por cálculos detalhados em 1972. Quatro anos depois, foi sugerida uma possível solução, chamada supergravidade. Infelizmente, os cálculos necessários para descobrir se existiriam ou não infinitos que restaram não-cancelados na supergravidade eram tão longos e difíceis que ninguém estava preparado para assumir a tarefa. Era fato reconhecido que, mesmo com um computador, isso levaria muitos anos e que eram bem altas as chances de que haveria pelo menos um erro, provavelmente mais. Conseqüentemente, só saberíamos se tínhamos a resposta certa se alguém mais repetisse o cálculo e obtivesse a mesma resposta — e isto não parecia muito provável! Ainda assim, apesar destes problemas e do fato de que as partículas nas teorias da supergravidade não parecessem corresponder às partículas observadas, a maioria dos cientistas acreditava que a teoria poderia ser alterada e seria provavelmente a resposta certa ao problema da unificação da gravidade com as outras forças. Então, em 1984, houve uma incrível mudança de opinião a favor daquelas que são chamadas teorias das cordas.

Antes da teoria das cordas, acreditava-se que cada uma das partículas fundamentais ocupava um único ponto do espaço. Nas teorias das cordas, os objetos básicos não são partículas puntiformes, mas coisas que têm comprimento, mas nenhuma outra dimensão, como um pedaço infinitamente delgado de corda. Estas cordas podem ter pontas (as assim chamadas cordas abertas) ou podem se juntar elas mesmas em alças fechadas (cordas fechadas). Uma partícula ocupa um ponto do espaço em cada momento do tempo. Uma corda, por outro lado, ocupa uma linha no espaço a cada momento do tempo. Dois pedaços de corda podem se juntar para formar uma única corda; no caso das cordas abertas, elas simplesmente se juntam nas pontas, ao passo que, no caso das cordas fechadas, é como duas pernas juntando-se num par de calças. Da mesma forma, um único pedaço de corda pode se dividir em duas cordas.

Se os objetos fundamentais no universo são cordas, o que são as partículas puntiformes que parece que observamos nos nossos experimentos? Nas teorias das cordas, aquilo que anteriormente imaginávamos como diferentes partículas puntiformes são agora representadas como diversas ondas na corda, como as ondas numa linha de pipa em vibração. No entanto, as cordas e as vibrações ao longo delas são tão minúsculas que mesmo nossa melhor tecnologia não consegue resolver seu formato e, portanto, elas se comportam, em todos os nossos experimentos, como minúsculos pontos informes. Imagine examinar um grão de pó: bem de perto, ou sob uma lente de aumento, você pode descobrir que a partícula tem um formato irregular ou mesmo filiforme, embora a uma certa distância pareça um ponto informe.

Na teoria das cordas, a emissão ou absorção de uma partícula por outra corresponde à divisão ou união das cordas. Por exemplo, imaginava-se, nas teorias das partículas, que a força gravitacional do Sol sobre a Terra era causada pela emissão, por uma partícula de matéria no Sol, de partículas portadoras de força chamadas grávitons e sua posterior absorção por uma partícula de matéria na Terra. Na teoria das cordas, este processo corresponde a um tubo ou cano em forma de H (a teoria das cordas é, de certa forma, um pouco parecida com encanamentos). Os dois lados verticais do H correspondem às partículas no Sol e na Terra e a barra horizontal corresponde ao gráviton que viaja entre eles.

A teoria das cordas tem uma história curiosa. Foi originalmente inventada nos fins dos anos 1960, numa tentativa de descobrir uma teoria para descrever a força forte. A idéia era que as partículas, tais como o próton e o nêutron, poderiam ser vistas como ondas numa corda. As forças fortes entre as partículas corresponderiam a pedaços da corda que ficavam entre outros pedaços de corda, como numa teia de aranha. Para que esta teoria forneça o valor observado da força forte entre as partículas, as cordas tinham de ser como elásticos com uma tração de cerca de dez toneladas.

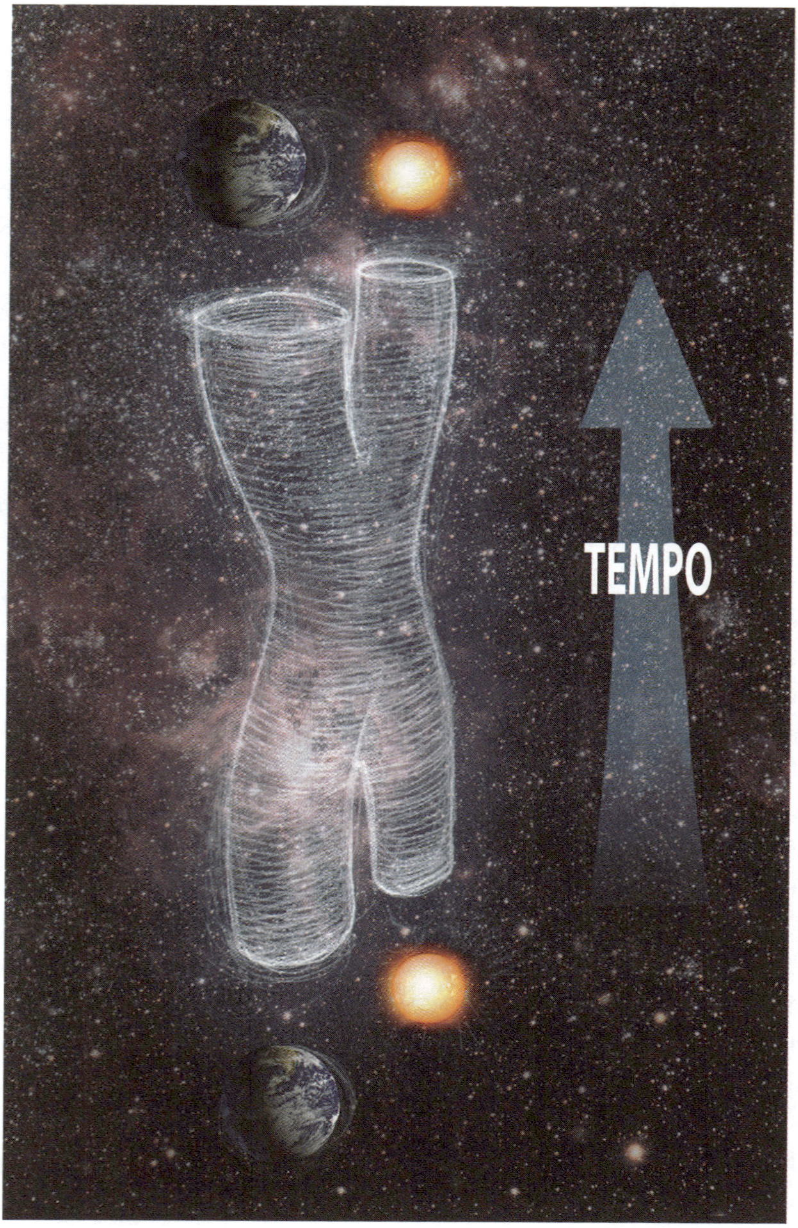

Diagramas de Feynman da teoria das cordas
Nas teorias das cordas, considera-se que as forças de longo alcance são causadas conectando tubos, e não pelo intercâmbio das partículas portadoras de força.

Em 1974, Joel Scherk, da Escola Normal Superior em Paris, e John Schwarz, do Instituto de Tecnologia da Califórnia, publicaram um artigo no qual demonstraram que a teoria das cordas poderia descrever a natureza da força gravitacional, mas somente se a tensão na corda fosse de aproximadamente mil milhões de milhões de milhões de milhões de milhões de milhões de toneladas (1 com 39 zeros depois dele). As previsões da teoria das cordas seriam exatamente as mesmas da relatividade geral em escalas de tamanho normal, mas seriam diferentes em distâncias bem pequenas, menores que um milésimo de milionésimo de milionésimo de milionésimo de milionésimo de milionésimo de centímetro (um centímetro dividido por 1 com 33 zeros depois dele). O trabalho deles não recebeu muita atenção, contudo, porque, mais ou menos nessa mesma época, a maioria das pessoas tinha abandonado a teoria das cordas original da força forte em favor da teoria baseada em quarks e glúons, que parecia se ajustar bem melhor às observações. Scherk morreu em circunstâncias trágicas (sofria de diabetes e entrou em coma quando não havia ninguém por perto para lhe dar uma injeção de insulina) e, portanto, Schwarz ficou sozinho como praticamente o único defensor da teoria das cordas, mas agora propondo um valor de tensão da corda muito maior.

Em 1984, houve um súbito renascimento do interesse nas cordas, aparentemente por dois motivos. O primeiro era que as pessoas não estavam realmente conseguindo muito progresso no sentido de mostrar que a supergravidade era finita ou que poderia explicar os tipos de partículas que observamos. O outro foi a publicação de outro artigo de John Schwarz, desta vez com Mike Green, do Colégio Rainha Mary, de Londres. Este artigo mostrou que a teoria das cordas poderia explicar a existência de partículas que têm um "canhotismo" embutido, como algumas das partículas que observamos. (O comportamento da maioria das partículas seria o mesmo se você modificasse a montagem experimental de maneira a ser como um reflexo num espelho, mas haveria mudança no comportamento dessas partículas. É como se elas fossem destras ou canhotas, em vez de ambidestras.) Quaisquer que sejam os motivos, muitas pessoas logo começaram a trabalhar na teoria das cordas, e foi desenvolvida uma nova versão que parecia conseguir explicar os tipos de partículas que observamos.

As teorias das cordas também levam a infinitos, mas acredita-se que, na versão correta, se cancelarão inteiramente (embora isto ainda não seja uma certeza). As teorias das cordas, entretanto, têm um problema maior: parecem ser coerentes somente se o espaço-tempo tiver ou dez ou 26 dimensões, em lugar das quatro dimensões normais! Naturalmente, as dimensões extras de espaço-tempo constituem um lugar comum da ficção científica. De fato, elas oferecem uma maneira ideal de superar a restrição normal da relatividade geral de que ninguém pode viajar mais rápido que a luz, nem para trás no tempo (veja o Capítulo 10). A idéia é pegar um atalho através das dimensões extras. Você pode imaginar isto da seguinte maneira. Imagine que o espaço em que vivemos tenha apenas duas dimensões e que seja curvo como a superfície de uma argola de âncora ou uma rosca. Se você estivesse na borda interna da argola e quisesse ir de um ponto da argola até o outro lado da argola, teria de se mover num círculo ao longo da borda interna da argola até alcançar o ponto alvo. Entretanto, se você pudesse viajar na terceira dimensão, poderia sair da argola e cortar carminho transversalmente.

Por que não percebemos todas essas dimensões extras se elas realmente existem? Por que vemos somente três dimensões espaciais e uma única dimensão temporal? A sugestão é que as outras dimensões não são como as dimensões a que estamos acostumados. Elas são enroladas num espaço de tamanho bem pequeno, algo como um milionésimo de milionésimo de milionésimo de milionésimo de milionésimo de centímetro. Isto é tão pequeno que simplesmente não o percebemos: enxergamos apenas uma dimensão temporal e três dimensões espaciais, em que o espaço-tempo é relativamente plano. Para ter uma imagem de como isto funciona, pense na superfície de uma haste. Se você a olhar de perto, verá que a superfície é bidimensional. Isto é, a posição de um ponto na haste é descrita por dois números, o comprimento ao longo da haste e a distância em torno da dimensão circular. Mas sua dimensão circular é muito menor que sua dimensão de comprimento. Por causa disto, se você olhar a haste a distância, não verá a espessura da haste e ela parecerá unidimensional. Isto é, parece que, para especificar a posição de um ponto, você só precisa fornecer o comprimento ao longo da haste. O mesmo acontece com o espaço-tempo, dizem os teóricos das cordas: numa escala muito pequena, ele é decadimensional e altamente curvo, mas, nas escalas maiores, você não vê a curvatura nem as dimensões extras.

Se estiver correta, esta representação é uma má notícia para os viajantes espaciais potenciais: as dimensões extras seriam pequenas demais para caber uma espaçonave. Entretanto, ela também levanta um importante problema para os cientistas: por que algumas dimensões, mas nem todas, deveriam estar enroladas numa pequena bola? Supostamente, no universo primitivo, todas as dimensões teriam sido bem curvas. Por que uma única dimensão temporal e três dimensões espaciais se achataram, enquanto outras dimensões permaneceram firmemente enroladas?

Uma possível resposta é aquilo que é chamado de princípio antrópico, que pode ser parafraseado como: "Vemos o universo da maneira que é porque existimos". Existem duas versões do princípio antrópico, a fraca e a forte. O princípio antrópico fraco declara que, num universo que é grande ou infinito no espaço e/ou tempo, as condições necessárias para o desenvolvimento de vida inteligente só serão satisfeitas em determinadas regiões que são limitadas no espaço e no tempo. Os seres inteligentes nessas regiões não deveriam, portanto, ficar surpresos se observassem que sua localidade no universo satisfaz as condições que são necessárias para sua existência. É um pouco como uma pessoa rica que vive num bairro rico não ver nenhuma pobreza.

Alguns vão bem mais adiante e propõem uma versão forte do princípio. De acordo com essa teoria, ou existem muitos universos diferentes ou muitas regiões diferentes de um único universo, cada qual com sua própria configuração inicial e, talvez, com seu próprio conjunto de leis da ciência. Na maioria desses universos, as condições não seriam as certas para o desenvolvimento de organismos complicados; somente nos poucos universos que são parecidos com o nosso é que seres inteligentes se desenvolveriam e fariam a pergunta: "Por que o universo é do jeito que o vemos?" A resposta é então simples: se tivesse sido diferente, não estaríamos aqui!

Poucas pessoas discordariam da validade ou utilidade do princípio antrópico fraco, mas existem várias objeções que podem ser levantadas contra o princípio antrópico forte como uma explicação do estado observado do universo. Por exemplo, em que sentido pode-se dizer que todos estes diferentes universos existem? Se forem realmente separados entre si, o que acontece em outro universo pode não ter conseqüências observáveis no nosso próprio universo. Deveríamos, portanto, usar o princípio da economia e extirpá-los da teoria. Se, por outro lado, fossem apenas diferentes regiões de um mesmo universo, as leis da ciência teriam de ser as mesmas em cada região porque, do contrário, não poderíamos nos mover continuamente de uma região para outra. Neste caso, a única diferença entre as regiões seria a de suas configurações iniciais e, assim, o princípio antrópico forte se reduziria ao fraco.

O princípio antrópico fornece uma resposta possível à pergunta do porquê as dimensões extras da teoria das cordas enrolaram. Duas dimensões espaciais não parecem suficientes para propiciar o desenvolvimento de seres complicados como nós. Tomando, por exemplo, dois animais bidimensionais que vivessem sobre um círculo (a superfície de uma terra bidimensional): para passar pelo outro, um deles precisaria escalar por cima do outro. E se uma criatura bidimensional comesse algo que não conseguisse digerir inteiramente, ela teria de retirar os restos da mesma maneira que os engoliu porque, se existisse uma passagem direta através de seu corpo, essa passagem dividiria a criatura em duas metades distintas: nosso ser bidimensional seria dividido. Da mesma forma, é difícil ver como poderia haver qualquer circulação de sangue numa criatura bidimensional.

Haveria também problemas com mais de três dimensões espaciais. A força gravitacional entre dois corpos diminuiria mais rapidamente com a distância do que o faz em três dimensões. (Em três dimensões, a força gravitacional cai a um quarto quando você dobra a distância. Em quatro dimensões, cairia a um oitavo; em cinco dimensões, a um dezesseis avos; e assim por diante.) O significado disto é que as órbitas dos planetas, como a Terra ao redor do Sol, seriam instáveis: a menor perturbação em relação a uma órbita circular (como a que seria causada pela atração gravitacional dos outros planetas) resultaria na Terra entrando numa espiral para longe ou em direção ao Sol. Ou congelaríamos ou seríamos inteiramente queimados. De fato, o mesmo comportamento da gravidade com a distância em mais de três dimensões espaciais significa que o Sol não seria capaz de existir num estado estável, com a pressão contrabalançando a gravidade. Ou o Sol se despedaçaria ou entraria em colapso para formar um buraco negro. Em qualquer um dos dois casos, não seria muito útil como fonte de calor e luz para a vida na Terra. Numa escala menor, as forças elétricas que fazem os elétrons orbitar ao redor do núcleo num átomo iriam se comportar da mesma maneira que as forças gravitacionais. Logo, ou os elétrons escapariam inteiramente do átomo ou entrariam em espiral na direção do núcleo. Nos dois casos, não existiriam átomos como os conhecemos.

Parece claro, então, que a vida, pelo menos como a conhecemos, só pode existir nas regiões do espaço-tempo nas quais uma dimensão temporal e exatamente três dimensões espaciais não são enroladas e pequenas. Isto significaria que poderíamos apelar para o princípio antrópico fraco, desde que pudéssemos mostrar que, no mínimo, a teoria das cordas realmente permite que existam tais regiões do universo — e parece que, de fato, a teoria das cordas permite. É bem possível que existam outras regiões do universo, ou outros universos (o que quer que isto signifique), nas quais todas as dimensões são enroladas e pequenas ou nas quais mais de quatro dimensões são praticamente planas, mas não existiria nenhum ser inteligente em tais regiões para observar o número diferente de dimensões efetivas.

Além da questão das dimensões, outro problema com a teoria das cordas é que existem pelo menos cinco teorias diferentes (duas teorias das cordas abertas e três diferentes das cordas fechadas) e milhões de maneiras pelas quais as dimensões extras previstas pela teoria das cordas poderiam ser enroladas. Por que deveria ser escolhida apenas uma teoria das cordas e um tipo de enrolamento? Durante algum tempo, parecia não haver resposta alguma e o progresso estancou num atoleiro. Então, a partir mais ou menos de 1994, as pessoas começaram a descobrir aquilo que é chamado de dualidades: diferentes teorias das cordas e diferentes maneiras de enrolar as dimensões extras poderiam levar aos mesmos resultados em quatro dimensões. Além disto, descobriu-se que, além das partículas, que ocupam um único ponto do espaço, e das cordas, que são linhas, existiam outros objetos chamados p-branas, que ocupavam volumes bidimensionais ou com mais dimensões no espaço. (Uma partícula pode ser considerada uma 0-brana e uma corda, uma 1-brana, mas existiam também p-branas para p = 2 a p = 9. Pode-se pensar numa 2-brana como algo parecido com uma membrana bidimensional. É mais difícil imaginar branas com mais dimensões.) O que isto parece sugerir é que existe uma espécie de democracia (no sentido de ter vozes iguais) entre as teorias da supergravidade, das cordas e da p-brana: elas parecem se encaixar reciprocamente, mas não se pode dizer que qualquer uma delas seja mais fundamental que as outras. Pelo contrário, todas elas parecem ser diferentes aproximações de uma teoria mais fundamental, cada uma válida em diferentes situações.

As pessoas têm procurado por esta teoria fundamental, mas sem sucesso até agora. É possível que possa não existir uma formulação única da teoria fundamental, da mesma forma que, como mostrou Gödel, não seria possível formular a aritmética em termos de um único conjunto de axiomas. Em vez

A importância de ser tridimensional
Em mais de três dimensões espaciais, as órbitas planetárias seriam instáveis e os planetas cairiam no Sol ou escapariam inteiramente de sua atração.

disso, ela poderia ser como mapas — você não pode usar um único mapa plano para descrever a superfície redonda da Terra ou a superfície de uma argola: você precisa de pelo menos dois mapas no caso da Terra e quatro para a argola para cobrir todos os pontos. Cada mapa é válido somente numa região limitada, mas diferentes mapas terão uma região de sobreposição. A coleção de mapas fornece uma descrição completa da superfície. Da mesma maneira, na física, pode ser necessário o uso de diferentes formulações em diferentes situações, mas duas formulações diferentes seriam concordantes nas situações em que ambas podem ser aplicadas.

Se isto for verdadeiro, a coleção inteira de diferentes formulações poderia ser considerada uma teoria unificada completa, embora fosse uma teoria que não poderia ser expressa em termos de um único conjunto de postulados. Mas mesmo isto pode ser mais do que a natureza permite. Seria possível que não exista uma teoria unificada? Estaríamos, talvez, apenas perseguindo uma miragem? Parecem existir três possibilidades:

1. Realmente existe uma teoria unificada completa (ou uma coleção de formulações que se sobrepõem), que algum dia descobriremos se formos suficientemente espertos.
2. Não existe uma teoria definitiva do universo, apenas uma seqüência infinita de teorias que descrevem o universo com uma precisão cada vez maior, mas que nunca são exatas.
3. Não existe uma teoria do universo: os eventos não podem ser previstos além de um certo ponto, mas ocorrem de uma maneira aleatória e arbitrária.

Alguns argumentariam a favor da terceira possibilidade sob o pretexto de que, se houvesse um conjunto completo de leis, isto violaria a liberdade de Deus de mudar de idéia e intervir no mundo. Ainda assim, já que Deus é todo-poderoso, não poderia violar Sua liberdade se assim o quisesse? Isto soa como o velho paradoxo: Deus pode criar uma pedra tão pesada que Ele não seja capaz de erguer? Na verdade, a idéia de que Deus pudesse mudar de idéia é um exemplo da falácia, apontada por Santo Agostinho, de imaginar Deus como um ser que existe no tempo. Tempo é uma propriedade somente do universo que Deus criou. Presumivelmente, Ele sabia o que pretendia quando Ele o organizou!

Com o advento da mecânica quântica, viemos a reconhecer que os eventos não podem ser previstos com total precisão: sempre existe um grau de incerteza. Se quiser, você poderia atribuir esta aleatoriedade à intervenção de Deus. Mas seria um tipo muito estranho de intervenção, sem evidências de que esteja direcionada a qualquer propósito. Na verdade, se estivesse, não seria aleatória por definição. Nos tempos modernos, removemos com eficácia a terceira possibilidade acima pela redefinição do objetivo da ciência: nossa meta é formular um conjunto de leis que nos permitam prever eventos somente até o limite determinado pelo princípio da incerteza.

A segunda possibilidade, de que existe uma seqüência infinita de teorias cada vez mais apuradas, está de acordo com toda a nossa experiência até agora. Em muitas ocasiões, aumentamos a sensibilidade de nossas medições ou criamos uma nova classe de observações, simplesmente para acabar descobrindo novos fenômenos que não foram previstos pela teoria existente, e, para explicar tais fenômenos, tivemos de desenvolver uma teoria mais avançada. Com o estudo das partículas que interagem com cada vez mais energia, poderíamos de fato prever a descoberta de novas camadas estruturais mais básicas que os quarks e os elétrons, que hoje consideramos as partículas "elementares".

É possível que gravidade forneça um limite a esta seqüência de "caixas dentro de caixas". Se tivéssemos uma partícula com uma energia acima daquela que é chamada de energia de Planck, sua massa seria tão concentrada que se separaria inteiramente do resto do universo e formaria um pequeno buraco negro. Assim, realmente parece que a seqüência de teorias cada vez mais apuradas deveria ter algum limite à medida que estudarmos energias cada vez maiores e, portanto, deveria existir alguma teoria definitiva do universo. Contudo, a energia de Planck está muito distante das energias que podemos produzir no laboratório neste momento. Não deveremos preencher essa lacuna com os aceleradores de partículas num futuro imediato. Os estágios primitivos do universo, contudo, são uma arena na qual tais energias devem ter ocorrido. Existe uma boa chance de que o estudo do universo primitivo e das exigências de coerência matemática nos leve a uma teoria unificada completa durante o tempo de vida de alguns de nós que hoje vivemos, sempre supondo que não sejamos explodidos antes!

O que significaria se realmente descobríssemos a teoria definitiva do universo?

Como explicamos no Capítulo 3, nunca poderíamos ter certeza absoluta de que descobrimos de fato a teoria correta, já que as teorias não podem ser demonstradas. Mas se uma teoria fosse matematicamente coerente e sempre fornecesse previsões concordantes com as observações, poderíamos ter uma confiança razoável de que era a correta. Ela colocaria um ponto final a um longo e glorioso capítulo na história da luta intelectual da humanidade para entender o universo. Mas também revolucionaria a compreensão que a pessoa comum teria das leis que governam o universo.

Na época de Newton, uma pessoa culta poderia ter uma boa noção da totalidade do conhecimento humano, pelo menos em pinceladas gerais. Mas, desde então, o ritmo do desenvolvimento da ciência tornou isto impossível. Já que as teorias estão sendo sempre modificadas para dar conta das novas observações, elas nunca são adequadamente digeridas ou simplificadas de uma maneira que as pessoas comuns possam compreendê-las. Você precisa ser um especialista e, ainda assim, só pode ter a esperança de ter uma noção correta de uma pequena fração das teorias científicas. Mais ainda, a velocidade do progresso é tão alta que o que você aprende na escola ou universidade está sempre um pouco ultrapassado. Somente umas poucas pessoas conseguem acompanhar o rápido avanço da fronteira do conhecimento e elas precisam dedicar todo seu tempo a isso e se especializar numa pequena área. O restante da população não tem muita idéia dos avanços que estão sendo obtidos ou da empolgação que eles estão gerando. Por outro lado, setenta anos atrás, se é que podemos acreditar em Eddington, somente duas pessoas entendiam a teoria da relatividade geral. Hoje em dia, dezenas de milhares de pós-graduandos das universidades entendem e muitos milhões de pessoas estão no mínimo familiarizados com a idéia. Se uma teoria unificada completa for descoberta, será apenas uma questão de tempo até ela ser digerida e simplificada da mesma maneira e ensinada nas escolas, pelo menos em linhas gerais. Seremos então todos capazes de ter alguma noção das leis que governam o universo e que são responsáveis pela nossa existência.

Contudo, mesmo que realmente descubramos uma teoria unificada completa, isto não significaria que seríamos capazes de prever eventos em geral, por dois motivos. O primeiro é a limitação que o princípio da incerteza da mecânica quântica determina sobre os poderes de previsão. Não existe nada que possamos fazer para contornar isso. Na prática, entretanto, esta primeira limitação é menos restritiva que a segunda, que surge do fato de ser bem provável que não consigamos resolver as equações de tal teoria, exceto nas situações bem simples. Como já dissemos, ninguém pode resolver com exatidão as equações quânticas para um átomo que é formado por um núcleo e mais de um único elétron. Não somos sequer capazes de resolver com exatidão o movimento de três corpos numa teoria simples como a da gravitação de Newton e a dificuldade aumenta com o número de corpos e com a complexidade da teoria. As soluções aproximadas geralmente bastam para as aplicações, mas dificilmente satisfazem as enormes expectativas despertadas pela expressão "teoria unificada de tudo"!

Hoje, já conhecemos as leis que governam o comportamento da matéria sob todas as condições, exceto as mais extremas. Em particular, conhecemos as leis básicas que fundamentam toda a química e biologia. Ainda assim, certamente não reduzimos tais temas ao status de problemas resolvidos. E tivemos, até agora, pouco sucesso na previsão do comportamento humano a partir de equações matemáticas! Portanto, mesmo que realmente descubramos um conjunto completo de leis básicas, ainda teremos nos anos à frente a tarefa intelectualmente desafiadora de desenvolver melhores métodos de aproximação, para que possamos fazer previsões úteis dos prováveis desfechos nas situações complicadas e realistas. Uma teoria unificada completa, coerente, é somente o primeiro passo: nossa meta é uma compreensão total dos eventos que nos cercam e da nossa própria existência.

Conclusão

DESCOBRIMOS QUE ESTAMOS NUM MUNDO SELVAGEM. Queremos dar um sentido àquilo que vemos à nossa volta e perguntamos: Qual é a natureza do universo? Qual nosso lugar nele e de onde ele e nós viemos? Por que ele é da maneira que é?

Para tentar responder a estas perguntas, adotamos alguma representação do mundo. Assim como uma torre infinita de tartarugas que sustentam a Terra plana é uma representação desse tipo, também o é a teoria das supercordas. Ambas são teorias do universo, embora a última seja bem mais matemática e precisa que a primeira. Faltam evidências observacionais às duas teorias: ninguém nunca viu uma tartaruga gigante com a Terra no dorso, mas, por outro lado, ninguém nunca viu também uma supercorda. Entretanto, a teoria da tartaruga não é uma boa teoria científica porque prevê que as pessoas deveriam conseguir cair na borda do mundo. Descobriu-se que isto não está de acordo com a experiência, a menos que se revele ser a explicação das pessoas que teriam supostamente desaparecido no Triângulo das Bermudas!

As primeiras tentativas teóricas de descrever e explicar o universo envolveram a idéia de que os eventos e os fenômenos naturais eram controlados por espíritos com emoções humanas que agiam de uma maneira bem humana e imprevisível. Tais espíritos habitavam os objetos naturais, como os rios, as montanhas e os corpos celestes, inclusive o Sol e a Lua. Era necessário apaziguá-los e buscar sua boa vontade para garantir a fertilidade do solo e a alternância das estações do ano. Gradualmente, contudo, deve ter sido percebido que existiam certas regularidades: o Sol sempre se levantava no leste e se punha no oeste, tivesse ou não sido feito um sacrifício ao deus Sol. Mais ainda, o Sol, a Lua e os planetas seguiam pelo céu trajetórias precisas, que poderiam

Das tartarugas ao espaço curvo
Concepções antiga e moderna do universo.

ser previstas de antemão com considerável precisão. O Sol e a Lua ainda poderiam ser deuses, mas eram deuses que obedeciam a leis estritas, aparentemente sem quaisquer exceções, se descontarmos as narrativas como aquela do Sol parando para Josué.

No início, estas regularidades e leis eram óbvias somente na astronomia e em outras poucas situações. Entretanto, à medida que a civilização se desenvolvia, e particularmente nos últimos trezentos anos, foi descoberto um número cada vez maior de regularidades e leis. O sucesso destas leis levou Laplace, no início do século XIX, a postular o determinismo científico; isto é, ele sugeriu que existiria um conjunto de leis que determinariam a evolução do universo com precisão, dada a sua configuração em qualquer momento isolado.

O determinismo de Laplace era incompleto em dois aspectos: não dizia como as leis deveriam ser escolhidas e não especificava a configuração inicial do universo. Estes foram deixados a Deus. Deus escolheria como o universo começou e a quais leis obedeceria, mas Ele não interviria no universo uma vez que este tivesse iniciado. De fato, Deus foi confinado às áreas que a ciência do século XIX não compreendia.

Sabemos agora que as esperanças de Laplace no determinismo não podem ser realizadas, pelo menos nos termos que ele tinha em mente. O princípio da incerteza da mecânica quântica implica que, em certos pares de quantidades, tais como a posição e a velocidade de uma partícula, as duas quantidades não podem ser ambas previstas com total precisão. A mecânica quântica lida com esta situação via uma classe de teorias quânticas, nas quais as partículas não têm posições e velocidades bem definidas, mas são representadas por uma onda. Estas teorias quânticas são determinísticas no sentido de fornecerem leis para a evolução da onda com o tempo. Portanto, se conhecermos a onda em um dado momento, poderemos calculá-la em qualquer outro momento. O elemento aleatório, imprevisível, surge somente quando tentamos interpretar a onda em termos das posições e velocidades das partículas. Mas talvez seja esse o nosso erro: talvez não existam posições e velocidades de partículas, mas apenas ondas. O caso é que simplesmente tentamos encaixar as ondas às nossas idéias preconcebidas de posições e velocidades. O descompasso resultante é a causa da aparente imprevisibilidade.

De fato, redefinimos a tarefa da ciência como a descoberta das leis que nos permitirão prever eventos até os limites determinados pelo princípio da incerteza. Resta, contudo, a pergunta: como ou por que foram escolhidas as leis e o estado inicial do universo?

Este livro deu um destaque especial às leis que governam a gravidade, porque é a gravidade que molda a estrutura em larga escala do universo, mesmo sendo a mais fraca das quatro categorias de forças. As leis da gravidade eram incompatíveis com a concepção, defendida até bem recentemente, de que o universo é imutável no tempo: o fato de a gravidade ser sempre atrativa implica que o universo deve estar ou em expansão ou em contração. De acordo com a teoria da relatividade geral, deve ter existido um estado de densidade infinita no passado, o big bang (a grande explosão), que teria sido um início efetivo do tempo. Da mesma forma, se o universo inteiro entrou em colapso, deverá existir um outro estado de densidade infinita no futuro, o big crunch (a grande implosão), que seria um fim do tempo. Mesmo que o universo inteiro não tenha colapsado, existiriam singularidades em quaisquer regiões localizadas que entraram em colapso para formar buracos negros. Estas singularidades seriam um fim do tempo para qualquer um que caísse no buraco negro. No big bang e em outras singularidades, todas as leis teriam desmoronado e, portanto, Deus ainda teria tido total liberdade para escolher o que aconteceu e como o universo começou.

Quando combinamos a mecânica quântica com a relatividade geral, parece existir uma nova possibilidade que não surgiu antes: que, juntos, o espaço e o tempo poderiam formar um espaço finito quadridimensional sem singularidades nem contornos, como a superfície da Terra, mas com mais dimensões. Parece que esta idéia poderia explicar muitas das características observadas do universo, tais como sua uniformidade em larga escala e explicar também os desvios de homogeneidade em pequena escala, inclusive galáxias, estrelas e até seres humanos. Mas se o universo for inteiramente autocontido, sem singularidades nem limites, e inteiramente descrito por uma teoria unificada, isto terá implicações profundas para o papel de Deus como criador.

Einstein certa vez perguntou: "Quanta liberdade de escolha Deus teve na construção do universo?" Se a proposta da ausência de limites estiver correta, Deus não teve liberdade alguma para escolher as condições iniciais. Deus ainda teria tido, é claro, a liberdade de escolher as leis a que o universo obedecia. Isto, entretanto, pode não ter sido uma liberdade de escolha tão grande assim; é bem possível que exista apenas uma ou um pequeno número de teorias unificadas completas, tais como a teoria das cordas, que são internamente coerentes e permitem a existência de estruturas tão complicadas quanto os seres humanos, que podem investigar as leis do universo e perguntar sobre a natureza de Deus.

Mesmo que exista uma única teoria unificada possível, ela é apenas um conjunto de regras e equações. O que é que insufla fogo nas equações e cria um universo para elas descreverem? O enfoque habitual da ciência de construir um modelo matemático não é capaz de responder à pergunta de por que deveria existir um universo para o modelo descrever. Por que o universo se dá ao incômodo de existir? Seria a teoria unificada tão arrebatadora por dizer que o universo provoca sua própria existência? Ou precisaria de um criador e, neste caso, teria Ele qualquer outro efeito sobre o universo? E quem O criou?

Até agora, a maioria dos cientistas tem estado ocupada demais com o desenvolvimento de novas teorias que descrevem o que o universo é para perguntar por quê. Por outro lado, as pessoas cuja ocupação é perguntar por que — os filósofos — não têm conseguido acompanhar o avanço das teorias científicas. No século XVIII, os filósofos consideravam seu campo todo o conhecimento humano, inclusive a ciência, e discutiam questões como se o universo teria tido um início. Entretanto, nos séculos XIX e XX, a ciência tornou-se demasiado técnica e matemática para os filósofos ou para qualquer outra pessoa, exceto um punhado de especialistas. Os filósofos reduziram tanto o alcance de suas indagações que Wittgenstein, o mais famoso filósofo do século XX, disse: "A única tarefa que resta para a filosofia é a análise da linguagem". Que degradação da grande tradição filosófica de Aristóteles a Kant!

Se realmente descobrirmos uma teoria completa, seus princípios gerais deverão ser, no devido tempo, compreensíveis para todos, e não apenas para uns poucos cientistas. Então, todos nós, filósofos, cientistas e simples pessoas comuns, seremos capazes de participar da discussão de por que é que nós e o universo existimos. Se encontrarmos uma resposta para essa pergunta, seria o triunfo último da razão humana — porque, então, conheceríamos a mente de Deus.

Albert Einstein

A LIGAÇÃO DE EINSTEIN COM A POLÍTICA da bomba nuclear é bem conhecida: ele assinou a famosa carta ao presidente Franklin Roosevelt que convenceu os Estados Unidos a levarem a idéia a sério e ele se engajou na campanha pós-guerra para evitar uma guerra nuclear. Mas estas não foram apenas ações isoladas de um cientista arrastado para dentro do mundo da política. A vida de Einstein, na verdade, para usar suas próprias palavras, "foi dividida entre a política e as equações".

A primeira atividade política de Einstein ocorreu durante a Primeira Guerra Mundial, quando era professor em Berlim. Sentindo repugnância por aquilo que considerou desperdício de vidas humanas, participou ativamente de manifestações antiguerra. Defendeu a desobediência civil e estimulou publicamente as pessoas a rejeitarem o recrutamento, fatos estes que pouco fizeram para conquistar a afeição dos colegas. Então, depois da guerra, ele direcionou seus esforços para a reconciliação e para melhorar as relações internacionais. Isto tampouco o tornou popular e, logo, sua política estava tornando difícil sua ida aos Estados Unidos, mesmo para proferir palestras.

A segunda grande causa de Einstein foi o sionismo. Embora de ascendência judaica, Einstein rejeitava a idéia bíblica de Deus. Contudo, uma crescente consciência do anti-semitismo, antes e durante a Primeira Guerra Mundial, levou-o gradualmente a se identificar com a comunidade judaica e, mais tarde, a se tornar um defensor franco do sionismo. Uma vez mais, a impopularidade não o impediu de falar o que pensava. Suas teorias passaram a ficar sob ataque; foi até criada uma organização anti-Einstein. Um homem estava decidido a incitar outros a assassinar Einstein (e foi multado em meros seis dólares). Mas Einstein era fleumático. Quando foi um publicado um livro intitulado *100 Authors Against Einstein* (*Cem autores contra Einstein*), ele retorquiu: "Se eu estivesse errado, um único bastaria!"

Em 1933, Hitler chegou ao poder. Einstein estava nos Estados Unidos e declarou que não voltaria para a Alemanha. Então, enquanto a milícia nazista fazia uma batida policial em sua casa e confiscava sua conta bancária, um jornal de Berlim ostentou a manchete "Boas novas de Einstein — ele não vai voltar". Diante da ameaça nazista, Einstein renunciou ao pacifismo e, finalmente, temendo que os cientistas alemães construíssem uma bomba nuclear, propôs que os Estados Unidos deveriam desenvolver a sua própria bomba. Mas, mesmo antes que a primeira bomba atômica tivesse sido detonada, ele estava advertindo publicamente sobre os perigos da guerra nuclear e propondo um controle internacional dos armamentos nucleares.

Durante toda a vida, os esforços de Einstein a favor da paz provavelmente tiveram pouco êxito duradouro — e certamente lhe conquistaram poucos amigos. Seu apoio público à causa sionista, contudo, foi devidamente reconhecido em 1952, quando lhe foi oferecida a presidência de Israel. Ele recusou, dizendo que se considerava ingênuo demais em questões políticas. Mas, talvez, fosse outro o seu verdadeiro motivo: citando-o novamente: "As equações são mais importantes para mim porque a política é para o presente, mas uma equação é algo para a eternidade".

Galileu Galilei

GALILEU, TALVEZ MAIS QUE QUALQUER outra pessoa, tenha sido o responsável pelo nascimento da ciência moderna. Seu célebre conflito com a Igreja Católica foi central à sua filosofia, pois Galileu foi um dos primeiros a argumentar que o homem poderia ter a esperança de entender como o mundo funciona e, mais ainda, que poderíamos fazê-lo observando o mundo real. Galileu acreditava na teoria copernicana (de que os planetas orbitavam o Sol) desde o início, mas foi somente quando descobriu as evidências necessárias para apoiar a idéia que começou a adotá-la publicamente. Escreveu sobre a teoria de Copérnico em italiano (e não no latim acadêmico costumeiro) e logo suas opiniões foram amplamente adotadas fora das universidades. Isto aborreceu os professores aristotélicos, que se uniram contra ele, buscando convencer a Igreja Católica a proibir o copernicanismo.

Preocupado com isto, Galileu viajou até Roma para falar com as autoridades eclesiásticas. Ele argumentou que a Bíblia não foi escrita para nos informar qualquer coisa sobre as teorias científicas e que era costumeiro supor que, nos trechos em que a Bíblia entrava em conflito com o bom senso, estava sendo alegórica.

Mas a Igreja estava com medo de um escândalo que pudesse minar sua luta contra o protestantismo e, portanto, tomou medidas repressivas. Declarou o copernicanismo "falso e errôneo" em 1616 e ordenou que Galileu nunca mais "defendesse nem apoiasse" a doutrina. Galileu aquiesceu.

Em 1623, um amigo de longa data de Galileu tornou-se papa. Imediatamente, Galileu tentou conseguir a revogação do decreto de 1616. Ele fracassou, mas de fato conseguiu obter permissão para escrever um livro que discutia as teorias aristotélica e copernicana, sob duas condições: não tomaria partido de nenhum dos lados e chegaria à conclusão de que o homem não poderia, em hipótese alguma, determinar como o mundo funcionava porque Deus poderia realizar os mesmos efeitos de maneiras inimagináveis pelo homem, que não poderia colocar restrições sobre a onipotência de Deus.

O livro, *Diálogo sobre os dois principais sistemas do Mundo*, foi concluído e publicado em 1632, com o total apoio dos censores — e foi imediatamente recebido por toda a Europa como uma obra-prima literária e filosófica. Em pouco tempo, o papa, percebendo que as pessoas estavam considerando o livro um argumento convincente a favor do copernicanismo, arrependeu-se de ter permitido sua publicação. O papa argumentou que, embora o livro tivesse a bênção oficial dos censores, ainda assim Galileu tinha transgredido o decreto de 1616. Ele levou Galileu diante da Inquisição, que o sentenciou a prisão domiciliar por toda a vida e ordenou que ele renunciasse publicamente ao copernicanismo. Pela segunda vez, Galileu aquiesceu.

Galileu continuou um católico fiel, mas sua crença na independência da ciência não fora esmagada. Quatro anos antes de sua morte em 1642, enquanto ainda se encontrava sob prisão domiciliar, o manuscrito de seu segundo livro importante foi contrabandeado até um editor na Holanda. Foi este trabalho, conhecido como *Duas novas ciências*, mais até que seu apoio a Copérnico, que seria a gênese da física moderna.

Isaac Newton

ISAAC NEWTON NÃO ERA UM HOMEM agradável. Suas relações com outros membros da academia eram notórias, com a maior parte do final de sua vida envolvida em acaloradas discussões. Depois da publicação dos *Princípios matemáticos da filosofia natural* (ou, simplesmente, *Principia Mathematica*) — certamente o livro de física mais influente já escrito —, Newton rapidamente ganhou proeminência pública. Foi nomeado presidente da *Royal Society* (a Academia Real de Ciências inglesa) e tornou-se o primeiro cientista a ser consagrado cavaleiro.

Newton logo entrou em conflito com o Astrônomo Real, John Flamsteed, que lhe tinha fornecido anteriormente os tão necessários dados para os *Principia*, mas que agora estava lhe negando as informações que ele desejava. Newton não aceitaria um não como resposta: ele se fez nomear para o órgão gestor do Observatório Real e então tentou forçar a imediata publicação dos dados. Finalmente, tomou providências para que o trabalho de Flamsteed fosse apreendido e preparado para publicação pelo inimigo mortal de Flamsteed, Edmond Halley. Mas Flamsteed levou o caso ao tribunal e, na hora H, obteve uma decisão judicial impedindo a distribuição do trabalho roubado. Newton ficou exasperado e buscou vingança, eliminando sistematicamente todas as referências a Flamsteed nas edições posteriores dos *Principia*.

Uma briga mais séria surgiu com o filósofo alemão Gottfried Leibniz. Tanto Leibniz quanto Newton tinham desenvolvido independentemente um ramo da matemática chamado cálculo, que fundamenta a maior parte da física moderna. Embora saibamos que Newton descobriu o cálculo anos antes de Leibniz, ele publicou o trabalho muito depois. Seguiu-se uma grande disputa sobre quem tinha sido o primeiro, com cientistas defendendo vigorosamente os dois competidores. É notável, contudo, que a maioria dos artigos publicados em defesa de Newton tenha sido originalmente escrita por seu próprio punho, embora publicada sob os nomes dos amigos! À medida que a rixa crescia, Leibniz cometeu o erro de recorrer à Royal Society para resolver a disputa. Na qualidade de presidente, Newton nomeou um comitê de inquérito "imparcial" que, coincidentemente, era formado inteiramente por seus amigos! Mas isso não foi tudo: Newton então escreveu, ele próprio, o relatório do comitê e providenciou para que a Royal Society o publicasse, acusando oficialmente Leibniz de plágio. Ainda insatisfeito, escreveu então uma resenha anônima do relatório no próprio periódico da Royal Society. Consta que, depois da morte de Leibniz, Newton teria declarado que tivera uma enorme satisfação de "partir o coração de Leibniz".

Durante o período destas duas disputas, Newton já tinha deixado Cambridge e a academia. Ele tinha sido ativo na política anticatólica em Cambridge e, mais tarde, no Parlamento, tendo sido finalmente recompensado com o lucrativo cargo de Diretor da Casa da Moeda Real. Aqui, ele usou sua virulência e falta de escrúpulos de uma maneira socialmente mais aceita, realizando uma grande e bem-sucedida campanha contra a falsificação, chegando a enviar vários homens para a morte na forca.

Glossário

Aceleração: A taxa com que a velocidade de um objeto está mudando.

Acelerador de partículas: Uma máquina que, com o uso de eletroímãs, é capaz de acelerar partículas carregadas em movimento, fornecendo-lhes mais energia.

Ano-luz (segundo-luz): A distância que a luz percorre em um ano (segundo).

Antipartícula: Cada tipo de partícula de matéria tem uma antipartícula correspondente. Quando uma partícula colide com sua antipartícula, ambas são aniquiladas, ficando apenas energia.

Átomo: A unidade básica da matéria comum, constituído de um minúsculo núcleo (que consiste em prótons e nêutrons) cercado por elétrons em órbita.

Big bang: A singularidade no início do universo: "a grande explosão".

Big crunch: A singularidade no fim do universo: "a grande implosão".

Buraco de minhoca: Um tubo fino de espaço-tempo que conecta regiões distantes dentro do universo. Os buracos de minhoca poderiam também se ligar a universos paralelos ou universos-bebês e poderiam oferecer a possibilidade de viagens no tempo.

Buraco negro: Uma região do espaço-tempo da qual nada, nem mesmo a luz, consegue escapar, porque a gravidade é muito forte.

Campo magnético: O campo responsável pelas forças magnéticas, agora incorporado juntamente com o campo elétrico no campo eletromagnético.

Campo: Algo que existe em todo o espaço e tempo, em oposição a uma partícula que existe em um único ponto em um dado momento.

Carga elétrica: Propriedade de uma partícula através da qual ela pode repelir (ou atrair) outras partículas que têm uma carga de igual sinal (ou de sinal oposto).

Comprimento de onda: Para uma onda, a distância entre dois vales adjacentes ou duas cristas adjacentes.

Condição de inexistência de limite: A idéia de que o universo é finito, mas ilimitado (não tem beiradas ou fronteiras).

Constante cosmológica: Um artifício matemático empregado por Einstein para dar ao espaço-tempo uma tendência inerente de se expandir.

Coordenadas: Números que especificam a posição de um ponto no espaço e no tempo.

Cosmologia: O estudo do universo como um todo.

Desvio para o vermelho: O avermelhamento da luz vinda de uma estrela que está se afastando de nós, por causa do efeito Doppler.

Dimensão espacial: Qualquer uma das três dimensões — isto é, qualquer dimensão, exceto a dimensão do tempo.

Dualidade onda/partícula: O conceito na mecânica quântica de que não existe distinção entre ondas e partículas; as partículas podem às vezes se comportar como ondas e as ondas, como partículas.

Dualidade: Uma correspondência entre teorias aparentemente diferentes que levam aos mesmos resultados físicos.

Elétron: Uma partícula com carga elétrica negativa que orbita o núcleo de um átomo.

Energia de unificação eletrofraca: A energia (cerca de 100 GeV) acima da qual desaparece a distinção entre a força eletromagnética e a força fraca.

Espaço-tempo: O espaço quadridimensional cujos pontos são eventos.

Espectro: As freqüências componentes que formam uma onda. A parte visível do espectro do sol pode ser vista em um arco-íris.

Estrela de nêutrons: A estrela fria que às vezes sobra depois da explosão de uma supernova, quando o núcleo do material no centro da estrela sofre um colapso (encolhe-se abruptamente) e se transforma numa densa massa de nêutrons.

Evento: Um ponto no espaço-tempo, especificado por seu tempo e lugar.

Fase: Para uma onda, a posição em seu ciclo num momento especificado: uma medida que informa se ela se encontra em uma crista, em um vale ou em algum lugar entre os dois.

Força eletromagnética: A força que surge entre partículas com carga elétrica; a segunda mais forte entre as quatro forças fundamentais.

Força nuclear forte: A mais forte das quatro forças fundamentais, com o menor alcance de todas. Mantém os quarks juntos dentro dos prótons e dos nêutrons e mantém os prótons e nêutrons juntos para formar átomos.

Força nuclear fraca: A segunda mais fraca das quatro forças fundamentais, depois da gravidade, de bem curto alcance. Afeta todas as partículas de matéria, mas não as partículas portadoras de força.

Fóton: Um *quantum* de luz.

Freqüência: Para uma onda, o número de ciclos completos por segundo.

Fusão nuclear: O processo pelo qual dois núcleos colidem e coalescem (aglutinam-se) para formar um único núcleo mais pesado.

Geodésica: O caminho mais curto (ou mais longo) entre dois pontos.

Horizonte de eventos: O contorno (limites ou fronteiras) de um buraco negro.

Massa: A quantidade de matéria em um corpo; sua inércia ou resistência à aceleração.

Matéria escura: Matéria nas galáxias, aglomerados e possivelmente entre aglomerados que não foi observada diretamente, mas pode ser detectada por seu efeito gravitacional. Até 90% da massa do universo pode estar na forma de matéria escura.

Mecânica quântica: A teoria desenvolvida a partir do princípio quântico de Planck e do princípio da incerteza de Heisenberg.

Neutrino: Uma partícula extremamente leve que é afetada somente pela força fraca e pela gravidade.

Nêutron: Uma partícula bem semelhante ao próton, mas sem carga, que responde por aproximadamente metade das partículas presentes nos núcleos da maioria dos átomos.

Núcleo: A parte central de um átomo, formado apenas de prótons e nêutrons, mantidos unidos pela força forte.

Partícula elementar: Uma partícula que, supostamente, não pode ser subdividida.

Partícula virtual: Na mecânica quântica, uma partícula que nunca pode ser diretamente detectada, mas cuja existência tem efeitos mensuráveis.

Peso: A força exercida sobre um corpo por um campo gravitacional. É proporcional à, mas não é o mesmo que, sua massa.

Ponte de Einstein-Rosen: Um tubo fino de espaço-tempo que liga dois buracos negros. *Veja também* **Buraco de minhoca**.

Pósitron: A antipartícula (positivamente carregada) do elétron.

Princípio antrópico: A idéia de que vemos o universo da maneira como ele é porque, se fosse diferente, não estaríamos aqui para observá-lo.

Princípio da incerteza: O princípio, formulado por Heisenberg, de que não é possível estar exatamente seguro da posição e da velocidade de uma partícula ao mesmo tempo; quanto mais precisamente for conhecida uma delas, menos precisamente a outra poderá ser conhecida.

Princípio quântico de Planck: A idéia de que a luz (ou quaisquer outras ondas clássicas) pode ser emitida ou absorvida apenas em *quanta* discretos, cuja energia é proporcional à sua freqüência e inversamente proporcional ao seu comprimento de onda.

Proporcional: "X é proporcional a Y" significa que, quando Y é multiplicado por qualquer número, X também o é. "X é inversamente proporcional a Y" significa que, quando Y é multiplicado por qualquer número, X é dividido por esse número.

Próton: Uma partícula bem semelhante ao nêutron, mas positivamente carregada, que responde por aproximadamente metade das partículas presentes nos núcleos da maioria dos átomos.

Quark: Uma partícula elementar (carregada) que sente a força forte. Prótons e nêutrons são, cada um, compostos por três quarks.

Radar: Um sistema que usa ondas de rádio em pulsos para detectar a posição dos objetos, medindo o tempo que um único pulso leva para chegar até o objeto e ser refletido de volta.

Radiação de fundo em microondas: A radiação vinda da incandescência do universo primitivo quente, atualmente tão imensamente desviada para o vermelho que não aparece como luz, mas como microondas (ondas de rádio com um comprimento de onda de poucos centímetros).

Radioatividade: A desintegração espontânea de um tipo de núcleo atômico em outro.

Raios gama: Raios eletromagnéticos de comprimento de onda bem curto, produzidos em decaimento radioativo ou por colisões de partículas elementares.

Relatividade especial: A teoria de Einstein baseada na idéia de que as leis da ciência devem ser as mesmas para todos os observadores, não importando como eles estejam se deslocando, na ausência de fenômenos gravitacionais.

Relatividade geral: A teoria de Einstein baseada na idéia de que as leis da ciência devem ser as mesmas para todos os observadores, não importando como eles estejam se deslocando. Explica a força da gravidade em termos da curvatura de um espaço-tempo quadridimensional.

Singularidade: Um ponto no espaço-tempo em que a curvatura do espaço-tempo (ou alguma outra quantidade física) se torna infinita.

Teoria da grande unificação (TGU): Uma teoria que unifica as forças eletromagnética, forte e fraca.

Teoria das cordas: Uma teoria da física na qual as partículas são descritas como ondas em cordas. As cordas têm comprimento, mas nenhuma outra dimensão.

Zero absoluto: A menor temperatura possível, na qual as substâncias não contêm energia térmica alguma.

Índice

Os números de página das ilustrações estão em itálico.

U

V

Este livro foi composto em Minion
e impresso pela Ediouro Gráfica
sobre papel offset 75g
para a Ediouro Publicações em
junho de 2006.